Leonard Mlodinow

控制你行为的秘密

［美］列纳德·蒙洛迪诺 / 著

Subliminal

潜意识

中国青年出版社
CHINA YOUTH PRESS
中青文传媒

How Your Unconscious Mind Rules Your Behavior

图书在版编目（CIP）数据

潜意识：控制你行为的秘密 /（美）蒙洛迪诺著；赵崧惠译.
—北京：中国青年出版社，2013.5
ISBN 978-7-5153-1492-1

Ⅰ.①潜… Ⅱ.①蒙…②赵… Ⅲ.①下意识—通俗读物 Ⅳ.① B842.7-49

中国版本图书馆 CIP 数据核字（2013）第 044541 号

SUBLIMINAL: How Your Unconscious Mind Rules Your Behavior
by Leonard Mlodinow
Copyright © 2012 by Leonard Mlodinow
Simplified Chinese translation copyright © 2013
by China Youth Book, Inc. (an imprint of China Youth Press)
Published by arrangement with Writers House, LLC
through Bardon-Chinese Media Agency
博达著作权代理有限公司
ALL RIGHTS RESERVED

潜意识：控制你行为的秘密

作　　者：	［美］列纳德·蒙洛迪诺
译　　者：	赵崧惠
策划编辑：	白　洁
责任编辑：	周　红
美术编辑：	夏　蕊
出　　版：	中国青年出版社
发　　行：	北京中青文文化传媒有限公司
电　　话：	010-65511272/65516873
公司网址：	www.cyb.com.cn
购书网址：	zqwts.tmall.com
印　　刷：	大厂回族自治县益利印刷有限公司
版　　次：	2013 年 5 月第 1 版
印　　次：	2024 年 10 月第 20 次印刷
开　　本：	787mm×1092mm　　1/16
字　　数：	150 千字
印　　张：	14.5
京权图字：	01-2012-8521
书　　号：	ISBN 978-7-5153-1492-1
定　　价：	59.00 元

目录
/Contents

第 4 章　社交中的潜意识

为什么泰诺林能抚慰一颗受伤的心？

第 5 章　潜意识读人术

看人的眼睛就知道谁是真正的老板

第 6 章　以貌取人

怎样争取选票、约会女孩子，或吸引一只雌燕八哥？

序言/
Preface

　　1879年6月，美国心理学家、科学家查尔斯·桑德斯·皮尔斯（Charles Sanders Peirce）乘船从波士顿到纽约途中，金表遭窃。皮尔斯随即通报了金表失窃事件，并要求所有船员在甲板上集合。他逐一询问了所有的船员，仍未发现任何线索。经过短暂的徘徊之后，他做了一件奇怪的事情——他决定去猜测究竟谁是窃贼，即便他自己也不知道要怎么去做。在做出猜测之后，皮尔斯深信自己已经找出了那个窃贼，他写道："不到一分钟的时间里，我转了一圈，当我再次转向这些船员的时候，所有的疑惑都消失了。"

　　皮尔斯信心满满地走向他所认定的疑犯，但是疑犯对控告予以否认。由于皮尔斯的指控没有任何证据或者合理的理由，他无计可施，直到船停靠岸。靠岸之后，皮尔斯立即打车到当地私家侦探公司，雇用了一个私家侦探进行调查。私家侦探第二天在一家当铺内发现了金表。在皮尔斯的要求下，当铺主人对典当金表的窃贼做了详细描述，毫无疑问，正是当初皮尔斯所怀疑的人。皮尔斯是怎么猜到窃贼的呢？结论是，一些本能感知指引了皮尔斯，也就是我们说的潜意识。

如果仅仅猜测就是故事的全部，科学家会认为整个事件就像在说"一个小屁孩告诉我的故事"一样，但是5年之后，皮尔斯发现了一个用实验测试潜意识感知的方法，它是由心理学家E. H. 韦伯（E. H. Weber）于1834年发明的。韦伯将小物体放在实验对象的皮肤上，每次放一个，每个的重量都有差别，目的是测试实验对象能够感知到的最小的重量差异。皮尔斯和他的学生约瑟夫·贾斯特罗（Joseph Jastrow）进行了类似的实验（两人互为对方的实验对象），很明显，他们是无法感知到重量的差异的，但他们还是要求对方尽量给出一个猜测，并为自己猜测结果的可信程度打分，最高为3分，最低为0分。两个人给几乎所有的猜测都打了0分，然而，虽然他们很没有信心，但超过60%的猜测都是正确的，大大出乎他们的意料。

随后，皮尔斯和贾斯特罗又做了一些类似的实验，比如比较光亮度略有差异的平面，并得到了相同的结论：虽然人们的意识没有足够确切的信息，做不出相应判断，但是人们可以通过猜测得出正确的答案。作为该领域的首个科学论证，这一实例证明了潜意识具有某些意识所不具备的知识。

皮尔斯后来将潜意识这种获取信息的能力精妙地比作"鸟儿的歌唱和飞行能力……潜意识对于人类的意义，就像歌唱和飞行之于鸟类，都是我们本能力量的最高表现形式"。皮尔斯还将此能力视为"内在光芒……若无这一光芒，人类早已不复存在，在生存斗争中毫无生存能力可言"。换句话说，潜意识所完成的工作是人类生存和进化过程中不可或缺的一部分。一个世纪以来，研究人员和临床心理学家已经认识到了这样的一个事实——我们每个人都有一个丰富、活跃的潜意识生活，平行于我们的意识，并且潜意识也会对意识产生重要影响，但我们对其影响方式的准确测量还停留在研究的初级阶段。

卡尔·荣格（Karl Jung）曾经写道："有一些事物我们并没有意识到，可以说，它们存在于我们意识范畴之外，但它们确实存在着……"这本书是一本有关潜意识的书，讲述潜意识以及它对我们生活的影响。为了真正了解人类的经历，我们必须充分了解意识和潜意识这两个概念，以及两者之间是如何相互影响的。我们是无法觉察潜意识的，但它影响意识体验的方式却是最基本的——我们如何看待自己和他人，如何看待我们生活中日常活动的意义，我们所做出的关乎生死的快速判断和决定能力，以及我们在本能体验中所采取的行动。

尽管人类行为中的潜意识部分在过去的一个世纪里已经得到荣格、弗洛伊德和其他心理学家的广泛研究，但他们所采用的方法诸如自省、外显行为观察、大脑缺陷研究、动物大脑的电极植入等，都仅仅给出了模糊和间接的信息。与此同时，人类行为的真正本源仍不明确。如今，这种情况已经发生了变化，新技术的出现彻底改变了我们对大脑意识以外部分的理解，在这里我们称之为"潜意识世界"。这些技术的出现，使潜意识首次在人类历史上有可能成为一门真正的科学，一门可以将大脑工作的细枝末节拼凑起来，观察大脑内部的生理起源，更直观地探寻人类本能的科学。

THE NEW UNCONSCIOUS

第1章

新潜意识

发生在我们身上林林总总的事情，都有其潜意识因素存在。潜意识在日常生活中似乎发挥的作用很小，然而，事实是，潜意识正是我们理性思维的隐形根源。

—— 卡尔·荣格（Karl Jung）

母亲85岁时，从我儿子那里接手了一只名叫丁乐曼小姐的俄罗斯宠物龟。那时母亲的腿脚已经开始有些不听使唤了，所以不得不缩短了在家附近散步的时间。为了消磨时光，母亲急需一个平易近人的新朋友，于是，这只乌龟承担了这份工作。母亲用石头和木片来装饰她的窝，并且每天都来拜访丁乐曼小姐，有时她甚至会给丁乐曼小姐带一些鲜花，好让她的家看起来更美观，可惜丁乐曼小姐把这些鲜花都当作必胜客送来的比萨一样处理了。

母亲一点儿也不介意丁乐曼小姐吃掉她送来的花束，她觉得丁乐曼小姐的举动可爱极了——"看看她多喜欢这些花儿啊！"母亲开心地说。可是，尽管有着轻松的生活环境、免费的住所和伙食，还有新鲜采摘的花朵，丁乐曼小姐生活的主要目标依然是逃跑。只要不在吃东西和睡觉，她就会沿着铁丝网一圈圈踱步，试图找到一个可以逃脱的洞，她甚至试图攀爬铁丝网"越狱"。虽然她的行动迟缓而又笨拙，但是我那闪烁着人性光辉的母亲并不这么认为，她将丁乐曼小姐的尝试喻为英勇无比的举动，就像在电影《大逃亡》（*The Great Escape*）里纳粹战俘史蒂夫·麦奎因所密谋的越狱行动一样英勇。

　　"每个生物都渴望自由，"母亲说，"虽然在这里她确实可以养尊处优，但她不喜欢被限制。"母亲坚信丁乐曼小姐可以认出她的声音，并且可以对她说的话做出反应。"您对丁乐曼的行为解读得过头啦！"我告诉母亲，"乌龟是简单原始的生物。"为了证明自己的观点，我甚至像疯子一样挥舞着双臂向乌龟打招呼，"看吧，她对我的行为视而不见！"我得意地说。"那又怎么样？"母亲毫不在意，"你的孩子们也经常对你视而不见，难道你也把他们叫作原始生物？"

　　将有目的、有意识的行为和习惯性的、自发的行为区分开是很困难的——的确，作为人类，我们总是倾向于相信有意识行为的力量和目的性，以至于我们不仅将自己的行为解析为受意识影响，甚至给动物世界的行为也赋予意义。所以，乌龟就像是越狱的纳粹战俘一样勇敢，喵星人在旅行箱上撒尿是对主人离开家的不满和小小报复，而汪星人一定是有无比充分的理由才会充满厌恶地向邮递员狂吠。那些简单的生物，原始的生命体，也可以表现得"看起来"近乎人类的深思熟虑，充满企图。

　　举个例子，在生物进化史中列位低下的果蝇，会进行一个精心设计的求偶仪式——雄性用前腿轻击雌性并振动翅膀，向雌性演奏求偶的情歌。如果雌性接受进一步的交往，它便什么都不做，让雄性主导接下来的交配。如果对雄性没什么兴趣，它就会用腿或翅膀回击以表示抗拒，或者干脆逃跑离开。虽然好像人类女性也会对求爱者做出与果蝇惊人相似的反应，但果蝇的求偶仪式完全如编程一般写入它们的基因。它们无须担心其他烦心事——比如这段关系的未来是什么，只需自动运行这个程序就好了。

实际上，果蝇的求偶行为与它们的生理构造有着非常紧密的关系，科学家们发现了一种掌管求偶行为的化学分泌物，当把它涂在雄果蝇身上时，短短几个小时内就可以把一只异性恋的果蝇变成一个同性恋。撇开果蝇不谈，就算是只有一千多个细胞构成的蠕虫（学名C. elegans），它们的行为也似乎夹杂着有意识的目的和企图。它们会向着皮氏培养皿上少量而美味的食物蜿蜒而去，但对于近在咫尺、不可口但完全可食的细菌食物视而不见。有人可能会说，蠕虫有自己的自由意志，就像人类会丢弃看起来不太新鲜的蔬菜，或者放弃高卡路里的甜点一样，但是蠕虫并不会提醒自己"我最好还是保持一下身材"，它仅仅是按着生理程序设定的需要，走向美味的食物。

像果蝇和乌龟这样的动物大脑处理能力相对低下，但这种自发的生理程序并不是低端的原始生物的固有特征，我们人类也有自发的行为。我们对这些行为的认识不足，是因为意识和潜意识之间的相互作用着实太复杂——这种复杂性深植于我们大脑的生理构造中。作为哺乳动物，我们比原始的爬行类动物多了一层大脑皮层，因此，相比其他动物，人类拥有更多的脑容量。当然，要说清楚我们有多少感觉、判断和行为是受潜意识支配，又有多少是靠意识决定，还是十分困难的，因为我们总是在两者之间漂移不定，来回穿梭。

举个例子，某天早晨，我们想在上班的路上顺便去趟邮局，可是到了十字路口时，我们习惯性地向着办公室的方向开去了，因为我们的思维完全停在了自动挡——也就是说，我们在下意识地行动。随后，当我们试图向交警解释为什么要违章掉头时，意识为我们找出了最合适的理由，而潜意识则为我们安排好无语法错误的说辞。当警察要求我们下车时，我们会下意识服从，并自觉跟警察保持一米开外的距离，虽然当我们和闺密聊天时会自动把这段距离缩短为半米左右（我们大多数人都会自觉保持这样的社交距离，从不多想，而且当有人不遵守这些约定俗成的规则时，我们会不由自主地感到不安）。

我们很容易接受这一观点，那就是，人类的许多简单的行为都是自发的、潜意识的，但问题是，究竟哪一种行为更复杂，对我们的生活的影响更大？潜意识是怎么影响我们做出重大决定的呢？我应该买哪一套房子，应该卖哪一只股票呢？我是否应该雇用那个保姆来照顾我的孩子？这双让我忍不住深情凝望的眼睛，能够保证一段长期而持久的恋爱关系吗？

看不见的推手

如果在动物的行为里分辨出潜意识的行为是困难的，那么在我们自己的行为中辨识出这种行为就更困难了。当我上研究生的时候，每个星期四晚上大约8点钟都会给母亲打电话。然而，有一个星期四我没有打。也许你认为是我忘了，或者认为我出去喝酒、聚会、交女朋友，所以夜不归宿了，但是我母亲却有不同的理解。从大约晚上9点起，她就开始打我宿舍的电话。显然，接到前几个电话时我的室友并不太在意，可很快，我室友的好脾气就被母亲消耗殆尽，特别是当母亲想象我可能受了重伤躺在医院里时，她开始指责我室友隐瞒了事实。到午夜的时候，她的想象力更是加大油门一发不可收拾——她痛斥室友隐藏了我已死亡的事实——"为什么要说谎？"母亲狠狠地说，"我会找出真相的！"

　　大多数孩子都会因为他们的母亲——一生中和他们最亲近、最了解他们的人——有这样的想法而感到不可思议，但是很久以前我就见过母亲有类似的行为。在外人看来，她是一个完全正常的人，除了一些小小的怪癖，比如相信邪恶小精灵的存在。考虑到她受故国波兰文化的影响，这些怪癖都是可以理解的，但是我知道，母亲与其他所有我认识的人的思维运转方式都不一样，虽然她自己并没有察觉。因为十几年前，她的思维模式被一件我们都无法想象的事件重构了。

　　故事始于1939年，当母亲刚满16岁时，她的母亲在经历了腹腔癌酷刑般的折磨整整一年后在家里过世了。不久之后的一天，她放学回家，发现父亲被纳粹抓走了。随后，她和她的姐姐也被抓去了集中营，而她的姐姐最终没有活着走出来。一夜之间，母亲就从一个富裕家庭中备受呵护的千金，变成了一个充满怨恨、忍受饥饿折磨的孤儿，一个奴隶般的童工。在终于重获自由后，她移民到美国，在芝加哥结婚并定居下来，拥有了一个稳定安康的中产阶级家庭。从理智的角度，她知道，再也不用害怕突然失去最亲近的人了，可是在她的余生中，这种潜意识里的恐惧始终支配着她对日常生活的看法。

　　母亲用一本与我们大多数人完全不同的字典，来翻译行为中所包含的意义，并且用她独特的语法规则来组织译文的结构。她的解析对她来说是自发的、潜意识的，并非有意歪曲，就像我们无须回忆语法规则，就可以直接理解别人所说的话一样。她在理解这个世界的信息时，并没有意识到，早年的经历已经永久地改变了她对事物的看法。当我建议她去看心理医生时，她会嘲笑我，并否认过去对她的现在造成了负面的影响。"真的没有吗？"我反问，"那为什么我朋友的爸妈不会像你一样指责室友？"

我们通常认为，经验和举动看起来像是根植于有意识的思考之中，就像我的母亲一样，我们很难接受有一股隐藏的力量在幕后操纵着我们的思想。虽然这些力量看不见摸不着，但它们依然有着强劲的推动力。过去，人们对潜意识有着很多的猜测和思考，大脑就像是一个黑匣子，它的工作原理是当时的人们所不能理解的。现在，由于新型仪器的出现，我们对潜意识的思考有了革命性的改变。我们可以在大脑的不同结构和亚结构形成感知和感情的时候，用仪器来进行监测和观察，我们可以测量单个神经细胞的电流输出，我们可以绘制形成思想的神经活动地图。现在，科学家们可以直接跳过和我母亲进行交谈这一环节，精确定位到她早年经历的精神创伤所带来的脑部变化，同时了解到，大脑里对压力敏感的区域是怎样因为这些创伤而发生了实质性的改变。

基于新的技术和研究测量方法，现代观念的潜意识常被称为"新潜意识"（new unconscious），以此来区分由西格蒙德·弗洛伊德——从神经病理学家转行的临床医师——所普及的关于潜意识的概念。弗洛伊德早期对神经学、神经病理学还有麻醉学做出了可观的贡献，比如，他发明了用氯化金给神经组织染色的方法，并且用这个方法来研究脑干、延髓和小脑之间的神经连接。在这个方面，弗洛伊德遥遥领先于他的同行——几十年后，科学家们才开始理解大脑内部神经通路和连接的重要性，并着手发明新的科学手段来深入研究这个课题。

可惜的是，弗洛伊德并没有坚持对大脑中神经连接的研究，而是对临床操作产生了兴趣。在他与病人的交流中，弗洛伊德得出了正确的结论——人的行为是被人类自身无法察觉的精神思考过程所主宰的。然而，弗洛伊德缺少专业的工具，以致无法用科学的方法证实这个结论。他只能单纯地通过与病人交谈，从会话中分析出病人更深的精神层次中正在运行的想法，观察病人，然后做出他认为合理的推断。但是，如我们所见，这些方法从科学研究上来讲都是不可靠的，临床治疗中所采用的这种自省的方法是不可能完全揭开潜意识运作的奥秘的。

可以遗憾地说，弗洛伊德离他所计划的研究方向，越来越远了。

潜意识≠通俗心理学

人类行为是由无数感知、感受和想法的涓流在意识和潜意识层面汇聚而成的结果，我们行为背后的原因自己都说不清。虽然弗洛伊德和他的接班人们——许多人都是心理学家——一致拥护这个观点，可是，长时间以来，好多正统的心理学家们对于潜意识的重要性都避而不谈，认为这是流行在市面上的"通俗心理学"。就像一位研究员写的一样，"很多心理学家们非常不情愿使用'潜意识'这个词，因为他们害怕自己的同事们会认为他们大脑里一团糨糊"。

约翰·巴格（John Bargh），一位耶鲁大学的心理学家，讲述了一段小历史：当他20世纪70年代晚期在密歇根大学学习心理学时，学界普遍认为，我们的社会观念和判断能力，甚至我们的行为，都是受意识支配且经过深思熟虑的。所有威胁到这个公理的观点和假设都被迎之以鄙夷。当巴格告诉他的一个亲戚，他做的一些早期研究显示，人们做的很多事情背后的动机都是自身不能察觉的，他的亲戚，忍不住对他的研究嗤之以鼻。巴格说："我们都深信是自己灵魂之航的船长。

一旦发现这艘船不在我们的掌控之下，恐慌便会接踵而至。实际上，这就是我们所谓的精神错乱——脱离现实而且无法掌控自己的感觉，对任何人来说，这种情况都是非常令人惊恐的。"

现在，心理科学家们开始领悟到潜意识的重要性，虽然这种新潜意识的内在力量并非如弗洛伊德所猜想的，是很多事件的内在驱动力——比如男孩希望杀死父亲来占有自己的母亲，或者是女性对男性生殖器官的嫉妒。当然，我们认可弗洛伊德对潜意识的巨大能力的理解——他的这个认知是一个很大的成就。

弗洛伊德所构想的潜意识，在一些神经学专家眼里是"燥热而潮湿的，迸溅出贪欲和愤怒。它是臆想出的幻觉，放浪不羁，毫无道理可言"，而新潜意识的理念则是"更友善更温和，与生活更息息相关……"在新潜意识理念里，心理历程（mental process）被认为是在潜意识中运作的，因为大脑的构造使它们无法被意识所触及，而并不是出于像压抑（repression，为避免一些痛苦或者危险的想法进入意识层，将这些想法推到潜意识层的一种过程，这是弗洛伊德一派的观点）之类所谓的动力。新潜意识里的不可接近性并不是一种不健康的防卫机制（defense mechanism，指当个人应付挫折时，为了减低焦虑和愧疚的心理所采取的一些习惯性的适应动作），而被认为是正常的。

如果在这本书中，我对某些现象的讨论听起来依稀泛着弗洛伊德学说的痕迹，那么请注意，当代科学对这些现象的理解和解释一定是不一样的。新潜意识在我们的人生中扮演着极为重要的角色，它是让人类这个物种能够在进化中存活的天赋厚礼。有意识的思考在设计汽车、解译表达自然规律的数学公式等活动时是一大助力，可是，在躲避危险时，比如毒蛇的利齿和突然冲向你的汽车，或是对你心存不善的小人，只有潜意识的速度和敏捷才足以拯救你。

姓名决定你爱谁

假如你们一家去年夏天去迪斯尼乐园度假了，现在回头看，你可能怀疑自己脑子进水了：顶着35度的酷热在人群中穿梭，只为女儿能在巨大的茶杯状座椅里摇来摇去。但是回溯到最初，计划这趟旅行的时候，你肯定已经衡量了所有的可能性，并下定结论，为了女儿脸上的笑容，一切都是值得的。我们自以为知道举动背后的原因，而且很多时候这份自信并不是空穴来风，可是，当那些未知的力量也在做决定或在你的行为里扮演着重大角色时，我们才发现根本不了解自己——"我选择这份工作，因为我想迎接新的挑战"；"我喜欢那个家伙，因为他很有幽默感"；"我相信我的肠胃科医生，因为她工作非常敬业"。每一天我们都对关于自我感受和选择的问题自问自答，我们的回答常常都是有理可循的，但其实它们和真相南辕北辙。

"我是怎样地爱你？"诗人伊丽莎白·巴雷特·勃朗宁（Elizabeth Barrett Browning，又称勃朗宁夫人，英国维多利亚时代最受人尊敬的诗人之一，前句"我是怎样地爱你？让我逐一细算"被誉为英语中最著名的起首句之一）认为她可以细数表达爱情的方法，可在实际上，她并不能准确地列出原因。然而，今天我们有能力开始做这样的事，正如你所见——从下面这个表格中可以看出，美国东南部三个州谁和谁结婚了。有人可能会说，他们结婚是因为他们相爱——当然他们是相爱的。可是，这份爱是从哪里来的？可能从爱人的笑容里，慷慨的举

新郎的姓氏

		史密斯	强生	威廉姆斯	约翰	布朗	总和
新娘的姓氏	史密斯	**198**	55	43	62	44	402
	强生	55	**91**	49	49	31	275
	威廉姆斯	64	54	**99**	63	43	323
	约翰	48	40	57	**125**	25	295
	布朗	55	24	29	29	**82**	219
	总和	420	264	277	328	225	**1514**

动里，高雅的行为里，性感的魅力里，甚至来自他肱二头肌的大小。爱情的来源有史以来始终是无数的情侣、诗人，还有哲学家苦苦思索的问题。然而，我们可以放心地说，没有一个人曾经考虑过下面这个奇特的因素——**姓氏**。这个表格似乎在告诉我们，姓氏可以影响你的心——尤其当你们两个有相同的姓时。

这个表格横列和竖列分别是五个很常见的美国姓氏，表格里的数字表示在这两个对应的姓氏之间有多少对新郎新娘喜结良缘。请注意，在这表格里，最大的数字出现在对角线上——也就是说，姓氏为史密斯的人与同样姓史密斯的人结婚的次数要比与姓强生、威廉姆斯、约翰和布朗的人高出3到5倍。实际上，姓史密斯的人与同姓的人结婚的次数几乎等同于与其他所有外姓结婚次数的总和。在姓强生、威廉姆斯、约翰和布朗的人中，同样的现象也发生了。让人更为惊讶的是，在这个统计中，姓史密斯的人几乎是姓布朗的人的两倍，如果其他条件一概近似，仅仅因为姓史密斯的人数众多而姓布朗的人太少了，你大概会猜测，姓布朗的人与姓史密斯的人结婚的频率远高于同姓布朗的人结合的频率。事实并不是这样，我们还是可以看到，布朗与同姓布朗的人喜结连理的次数是最多的。

这个现象告诉我们什么？人们都有自我感觉良好这种基本的欲望，所以潜意识里更偏爱与我们有同样特点的东西（甚至是看起来毫无意义的特点），比如姓氏。如我们所见，科学家们在大脑里发现了一个离散的区域，叫作背侧纹状体（dorsal striatum），它就主宰了这样的偏好。

我们可能会认为，肯定是因为想要挑战自我，所以才接受了某份工作，而实际上可能只是因为我们对更高的名望感兴趣；你可能发誓说喜欢一个男人是因为他的幽默感，而实际上你真正喜欢的是他的笑容，因为这个笑容让你想起了你的母亲；你说你相信肠胃病医生，因为她是一个优秀的专家，但有可能你真正喜欢她的原因是，她是善于倾听的人。我们都有一套关于自己的理论，并坚信这套理论是正确无误的，虽然很少被证实。科学家们现在已有能力在实验室里验证这套理论，结果证明，它们是如此惊人的不靠谱！

举个例子，假设你正准备去看一场电影，突然一个工作人员出现在你面前，问你是否愿意回答几个问题，以此来交换一份爆米花和一杯饮料，但他并没有告诉你，你得来的爆米花其实有两种不同的分量，有一份比另一份稍微小一点。而这两种爆米花的分量都非常大，你根本就吃不完。这些爆米花有两种口味，一种是被品尝者评价为"好吃"、"高质量"，而另一种则被评为"不新鲜"、"没味道"。你同样不知道的是，你正在参与一项科学研究，要研究的问题是，到底是味道还是分量对你吃掉的爆米花数量影响更大？

为了研究这个问题，实验参与者得到了4种不同的爆米花——由两种口味和两种大小组合而成，实验参与者分到的或是小盒子、好味道的爆米花，或是大盒子的、好味道的爆米花，依此类推。那结果呢？爆米花的滋味和包装盒的大小对人们"决定"吃掉多少爆米花有着同样的影响。其他的研究也支持这个实验的结果，如果将零食的包装扩大一倍，人们的消耗量就会上升30%至45%。

我在"决定"这个词上打上引号是因为这个词语常常表示清醒的、有意识的行为，但在很多时候我们所做的"决定"并不符合这个词所包含的意义。参与实验的人们并没有告诉自己"这份免费爆米花的味道糟糕极了，但是既然有那么大一份，那我还是敞开来海吃一顿好了"。实际上，此类的研究给广告商们长久以来的设计理念提供了有效的证据——他们早就猜到产品的"环境因素"，比如设计、包装或是分量大小，以及产品介绍等，都会在无形中影响到消费者。更让人惊异的是，人们坚决否认被这些因素所操纵，我们常常认为这些因素能影响到别人，却错误地认为自己不会轻易被影响到。

事实上，在生活中，环境因素在潜意识中有着深邃的影响——不仅仅影响着我们吃多少，而且也影响着食物尝起来的味道。举一个例子，你有时可能会吃快餐，有时也去高档的餐厅里点餐。在更高雅的餐厅里，菜单上列着像"清脆爽口的小黄瓜"、"丝滑绵软的土豆泥"和"在芝麻菜的浓香里细细烤制的甜菜"，就好像其他餐厅的黄瓜都是软塌塌的，土豆泥有着羊毛一样的口感，而甜菜都是在很不舒适的配料里挣扎着被瞬间干煸熟的。难道爽口小黄瓜，在取了其他名字之后，就不爽口了吗？

研究表明，这些花哨的介绍不仅会吸引顾客们去点这些菜品，而且会让他们认为这些食物比相同的、仅有基本介绍的食物尝起来更为美味。当有人问你对于高档晚宴的看法时，如果你说，你更为青睐那些使用生动的形容词加以介绍的菜品，那你肯定会得到一个莫名的白眼，可菜品的介绍确实是让我们觉得美味的一大因素。所以，下次当你邀请朋友到家里吃晚餐时，不要告诉他们沙拉里的蔬菜就是街边地摊买来的，而是要利用潜意识的效果，告诉他们，沙拉里的蔬菜是当地时鲜，绿色环保，绝无污染。

让我们更进一步来讨论，你会更喜欢，**天鹅绒般丝滑入口的土豆泥**还是*天鹅绒般丝滑入口的土豆泥*？暂时还没有人研究过字体对土豆泥口感的影响，但是有一个研究关注了字体对人们准备食物时的态度的影响。在实验里，参与者们被要求阅读一份日式料理的制作方法，随后为准备菜肴的难度和对厨艺的要求打分，并评估他们回家后做这道菜的可能性。那些读了难以辨认的字体的参与者们给这道菜的难度评分更高，并且表示不太可能在家做这道菜。心理学家们把这个现象叫作"流畅度效应"（fluency effect）。如果信息的表达形式很难被吸收理解的话，那么我们对内容的判断和看法就会受影响。

大脑并不像电脑那样简单地处理数据和计算结果，它是由一系列平行运作、有着复杂交集的模块组成的，而且许多模块都是在潜意识层面运行的。这就是为什么我们的判断、感受和行为背后真正的理由，有时会让我们大吃一惊。

可乐悖论

直到最近，心理学家们才开始极不情愿地接受了潜意识的力量，随后社会科学专家们也顺应了潮流。举例来说，经济学家的经典理论是基于"人在充分、有意识的思考和衡量各方面相关因素后，做出对自己最有利的决定"这个假设。如果说新潜意识真的像心理学家和神经学家们所认为的那么强大的话，经济学家们实在是需要重新建构他们的理论了。实际上，最近几年，越来越多突破传统的经济学家们在质疑传统经济学理论方面取得了巨大的成功，比如，加利福尼亚理工学院的安东尼·罗杰尔（Antonio Rangel），他提供了强有力的证据，证明教科书中的经典经济学理论是有缺陷的，从而改变了经济学家们思考的方式。

罗杰尔绝不像人们想象中的那样，是一位每天对着数据冥思苦想、建立复杂的模型来分析市场动态的理论经济学家。他是一个胖胖的西班牙人，喜爱生活中一切美好的事物，喜欢与真正的人而不是冷冰冰的数据一起工作——这些人常常是学生志愿者们，在节食了一早上盯着糖果犹豫的时候，就被他拖进了实验室里。在最近一个实验里，罗杰尔和他的同事证明，在购买垃圾食品时，如果展示的是真正的食品，而不只是文字和图片的话，人们愿意多花40%~61%的钱。如果展示的食品是放在玻璃后面，而不是在眼前随时可以拿取，那么人们愿意支付的价格又滑落到仅仅展示文字和图片的水平了。听起来很奇怪吗？那么，你会不会认为某一种洗衣液比另一种更好，仅仅因为外包装是蓝黄色相间的？你买了德国酒而不是法国酒，是因为当你走过装满酒的货架时，背景音乐是德国啤酒屋常放的音乐？你会不会因为喜欢一双丝袜的气味而认为它们质量更好？

在以上的每一个研究里，人们都被一些不相关的因素深深地影响着——那些与我们的潜意识欲望和动机相关的因素，被传统经济学家们所忽略。举例来说，在关于洗衣液的实验里，参与者得到了三种外包装不一样的洗衣液，他们被要求在几周内试用，并且选出最喜欢的一种。有一盒洗衣液的包装是黄色的，另一个是蓝色的，第三个则是蓝色背景带有黄色的水花图案。实验报告显示，蓝黄相间包装的洗衣液获得了压倒性的胜利，参与者们说出了这种洗衣液的种种好处，却没有人提及外包装。对啊，他们提外包装干什么？漂亮的包装并不代表洗得干净，但实际上，只有外包装不一样，里面的洗衣液都是一样的。我们通过外包装评价产品，通过封面评价图书的内容，我们甚至通过纸张光泽度来评价公司的年度报告。

在关于红酒的研究中，研究人员在英国超市的货架上摆放了价格和酒精度数都相似的4种法国酒和4种德国酒。超市在货架的顶端放置了一个音箱，隔天播放法国音乐和德国音乐。在播放法国音乐时，销售的葡萄酒里有77%是产自法国的，而当播放德国音乐时，销售的葡萄酒里有73%产自德国。很明显，音乐影响了人们对葡萄酒产地的选择，而当购物者被问到播放的音乐是否影响了他们的选择时，只有七分之一的购物者回答是肯定的。

在关于丝袜的研究中，实验参与者在完全不知情的情况下得到了4双完全一样的丝袜，唯一不同的是4双袜子分别带有4种难以嗅出的气味。然而，实验参与者们"毫无困难地找出其中一双袜子是最好的"，并说出了触感、编织、色泽和重量上的区别。尽管其中一双沾染了某种气味的袜子的评分远远高于其他的袜子，但实验参与者们否认把气味列为评分标准之一，而在250个参与实验的志愿者中，只有6个人留意到这些袜子被施与了不同的气味。

"人们认为对一个产品的喜好是这个产品的质量决定的，但实际上他们对这个产品的感受在很大程度上都是依靠其市场营销。"罗杰尔说，"举例来说，同样的啤酒，用不同的方法来描述，或者被标上不同的商标或价格，人们会说尝起来非常不一样。对于葡萄酒来说也是一样，尽管人们更愿意相信，口味的不同是因为葡萄品质或酿造师的技巧不同造成的。"

研究表明，当实验参与者不知道葡萄酒的价格时，味道和价格只有非常微小的关联，而当实验参与者在知晓价格的情况下去品尝，葡萄酒的价格和味道就有了密切的关联，因为人们总是期待价格高的葡萄酒尝起来更美味。所以，当罗杰尔得到这个实验结果时，他并不感到惊讶。实际上罗杰尔要了一个花招：两瓶看上去非常不一样的红酒实际上是一样的，都是90美金的酒。这个研究不止于此，更重要的是，志愿者们品尝红酒时，他们的大脑同时接受了功能磁共振成像（fMRI）扫描。成像结果显示，由于价格的变化，在我们眼睛后面一个叫作眼窝前额皮质（orbitofrontal cortex）的大脑区域活动明显增强，而这个区域在之前的研究中被证明与人的愉悦感息息相关。

两种酒从物质层面上来说是一模一样的，那我们的大脑是怎么样下定论，认为其中一瓶要比另外一瓶更好喝呢？最开始，天真的科学家们认为，味觉等感官信号从感知器官（如舌头）一路畅行无阻地到达掌管它们的那个大脑区域，但如我们所见，大脑的构造绝不是这么简单。虽然你可能并没有察觉，但当冰凉的红酒滑过舌尖时，你并不是只尝到了它的化学组成，你也尝到了它的价格。

可口可乐和百事可乐的商战也是同样的道理。这种现象以前被称作"可乐悖论"，指的是百事可乐在人们不知情的品尝测验中总是获胜，而人们在现实生活中却总是选择可口可乐。过去的很多年里，人们提出了很多不同的理论试图来解释这个现象，一个理所当然的解释就是品牌效应，但是如果你问人们："当你们啜饮手中的饮料时，真正品尝到的，是多年以来累积在脑海中的那些令人振奋的可口可乐广告吗？"
人们总是会拒绝承认这个事实。

在21世纪初，新的大脑成像研究探测到了一片新的大脑区域，
是前文提到过的眼窝前额皮质的友邻，叫作大脑正中前额叶皮层
（ventromedial prefrontal cortex），简称VMPC，这一区域负责掌管那些
温暖柔软的感觉，比如当我们想到一个熟悉的品牌时的感受。2007年，
研究者召集了一组大脑成像显示VMPC区域有着明显损伤的志愿者，
以及另一组VMPC正常的志愿者。正如我们所预料的那样，当志愿者
们并不知道自己在喝什么牌子的可乐时，两组志愿者一致偏爱百事可
乐，然而，在知道自己所品尝的可乐牌子之后，那些VMPC正常的实
验对象颠覆了他们的选择。VMPC区域有损伤的志愿者，可以理解为，
他们大脑中负责品牌感知的模块损伤了，在知情或者不知情的情况下，
都更喜欢百事可乐，也就是说，在人们丧失了潜意识中感知熟悉品牌
所带来的温暖柔软的感觉时，"可乐悖论"就消失了。

我们学到的这一课和可乐或者红酒都无关——我们要知道的是，
饮料或者品牌现象背后的理论同样可以应用在生活的方方面面。生活
里直接、外露的一面（比如饮料）与间接、内藏的一面（比如品牌或
价格）一起协力创造了我们的脑部体验（比如味觉）。大脑并不是在
单纯地记录一个味道或者感受，而是在**创造**它们。我们常常认为，在
选择笔记本电脑或者洗衣粉的时候，在计划假期、选择一只股票或者
一份工作、评论一个体育明星或陌生人、结识朋友甚至是陷入爱河的
时候，我们都能掌控影响选择的主要因素，而实际上，我们的想法离
真相不能再远了。结果就是，我们对于自身以及社会的许多基础认知，
都是错误的。

念名字选股票?

回顾一下我们之前提到的"流畅度效应"。如果你在考虑是否投资一只股票,那么在决定买进之前肯定会考察行业动向、经济趋势,以及这个公司财务方面的细节。在任何一个理性思考的人心中,公司的名字是不是容易念出来估计不是一个很重要的衡量指标。如果你让公司名字的发音影响了你的投资决定,你家人肯定认为你神智不清。你可能还是存有疑问,虽然信息的流畅度可能会影响人们对一道日本料理的制作难度的评估,但是流畅度真的会影响到投资这么重要的决定吗?名字顺口的公司真的比那些不顺口的公司表现得更好吗?

为了证明精明的华尔街投资者是否会歧视名字读起来拗口的公司,研究者们搜集了真实的IPO数据。正如后文表格所示,投资者们确实更愿意投资那些名字或者是代码符号更顺口的公司(为了防止"流畅度效应"同样也适用于书和作者,请注意我的名字是多么的好发音:Ma-lah-di-nov 蒙-洛-迪-诺)。

研究者们还找到了其他影响股票表现的因素,可能与金融无关但是与人类心理有关,比如——阳光。心理学家们很久以前就得知阳光对人类的行为有正面的影响。举个例子来说,研究者对一个购物中心餐厅的服务员进行了实验,在随意挑选的13天里记录下他们收到的小费以及当天的天气情况。顾客们可能并不知道天气对他们所造成的影响,但是当外面阳光满地的时候,他们在给小费的时候明显会更大方。

那么这种驱使顾客们给更多小费的现象,会不会同样应验在那些精明的交易员身上呢?同样,这个猜想也是可以被验证的。当然,华

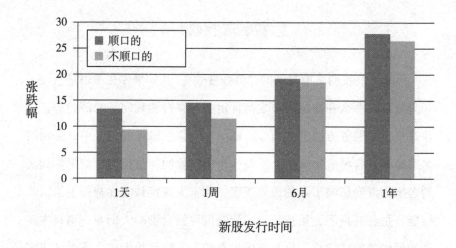

在1990至2004年之间，代码容易发音和不易发音的股票在纽约证券交易所（NYSE）发行的第一天、第一周，六个月以及一年之后的表现。美国证券交易所的IPO也有同样的现象。

尔街的交易大部分都是由远在纽约之外的人操控的，但是，虽然投资者们来自全国各地，纽约城内交易代理商的交易模式实际上对整个纽交所股票表现都有着重大的影响。举例来说，至少在2007年到2008年的世界金融危机之前，华尔街交易中很大一部分都是自营交易（大公司在用自己的资本做交易），所以，很多资金交易都是由那些有机会知晓纽约今天是否艳阳高照的人——也就是，住在纽约城里的那些人所操控的。于是，马萨诸塞大学的金融系教授决定找出纽约天气与华尔街股票指数之间的变化关系。通过对1927年到1990年之间的数据进行分析，他发现艳阳高照和阴云密布的天气都会影响到股票价格。

　　在关于阳光的研究里，如果说股票价格和天气之间的关联只是一个巧合的话，那么在其他城市的股票交易数据里，我们可能就找不到类似的关联了。实际上，另外一些研究者们重复了这个早期研究——

他们研究了26个国家在1982年到1997年之间股票市场的指数。研究肯定了这种关联，根据统计，如果有一年只有完美的艳阳天，那么纽交所股票交易的市场收益率平均值在24.8%，而当一年中几乎都是阴云密布的天气时，这个平均值只有8.7%（遗憾的是，研究者们指出，用这项发现来赚钱是不可能的事情，天气变化太过迅速，频繁买进卖出的手续费轻而易举地就抵消了你在交易中获得的利润）。

我们都会做出个人、财务和工作方面的决定，我们在做出这些决定的时候都自信已经权衡了所有重要的、有影响力的因素，而且深知是怎样得出最后的结论的。但是我们只能控制有意识的思考，所以信息是不全面的。我们对于自己、目标、社会的看法，都像是一个遗失了大半的拼图，我们用猜测来填补这些空白，但是真相远比我们所理解的更为复杂，也比我们用有意识的、理智的思维所计算出的结果更为精妙。

我们感知周围环境，回忆过往的经历，做出判断，对事件做出回应——在所有这些尝试里，我们都被不自知的因素所影响着。在下文中，当我讲述大脑潜意识的不同方面时，我们会见证更多的例子，会看到人类的大脑是怎样通过两个平行的层面来处理信息的，我们会开始领悟到潜意识的力量。真相就是，我们的潜意识是充满活力的、有目的性的、独立的，或许它看不见摸不着，但是它的作用却不可小觑——因为它塑造了我们的思维感受，以及回应整个世界的方式。

SENSES PLUS MIND EQUALS REALITY

第**2**章

思维的两列火车

我们用来观察世界的眼睛不仅仅是一个生理器官，还是一个被拥有者的传统习俗所驯化的感知方式。

——鲁思·本尼迪克特（Ruth Benedict），《菊与刀》作者自古希腊以来，人们就反复用不同的形式来表达意识与潜意识之间的差异。在心理学领域的思想者中，最有影响力的就是18世纪的德国哲学家伊曼努尔·康德（Immanuel Kant）了。在康德那个时代，心理学还不是一门独立的学科。他们建立的关于人类思考过程的法则并不是科学定律，只是哲学声明，学说的建立只需要一点点实践基础。康德认为，我们不是机械地记录客观事件，而是在主动地创造出一幅世界的投影。他的观点与现代观点惊人地相似，虽然现代的学者们与康德相比，对于心目中构造的世界大观有一个更为广阔的视角——尤其是关乎我们的欲望、需求、信仰和过往经历。

康德认为，经验心理学不可能成为一门科学，因为人类无法衡量那些仅仅在脑海中存在的想法和事件，但到了19世纪，科学激进的剑矛终于戳破了这一层障碍。最早有志于此的科学家之一就是我们前面提到过的德国生理学家E. H. 韦伯。在1834年的时候，他做了一个关于触觉感知的实验。他先将一个物体置放于实验对象的皮肤上作为参考重量，再放上第二个物体，然后，让实验对象来判断第二个物体比第一个物体是轻还是重。

　　韦伯发现，区别不是取决于两个物体重量差异的绝对值，而是取决于这一绝对值与参考重量值的比例。换句话说，如果说你只能勉强感觉到一个6克重的物体比一个5克的参考物件稍微重一点，那么1克就是你能感知到的最小区别，但是，如果这两个参考物有10倍的重量，那么你能感知到的最小区别就不是1克，而是10克。听起来这个实验结果并不是什么惊天动地的发现，但是它对心理学的发展至关重要，因为它阐述了一个观点：通过实验，我们可以发掘大脑思考过程中的科学理论，并把它用数学的形式表达出来，就像表达物理、化学和其他学科一样。

　　1879年，另一个德国心理学家，威廉·冯特（Wilhelm Wundt），向皇家撒克逊学院申请资费以开创世界上第一个心理学实验室，虽然他的申请被驳回了，但他还是成功创立了这个实验室。同一年，哈佛医学博士、教授比较解剖学和生理学的教授威廉·詹姆斯（William James）开创了一门新的课程——"生理学和心理学的关系"，并同时在劳伦斯大厅地下室的两个房间里建立了一个非正式的心理学实验室。1891年，这个实验室终于获得了官方承认，并更名为"哈佛心理学实验室"。柏林一份报纸对这两位科学家开创性的努力大加赞赏，称冯特为"旧世界的心理学之父"，而詹姆斯则是"新世界的心理学之父"。多亏了他们，以及其他被韦伯启发的科学家们所做的实验工作，心理学才在科学领域有了立足之地。由此拉开帷幕的这个领域被称作"新心理学"，并一度经久不衰地成为科学中最热门的领域。

　　这些新心理学领域的先锋们对潜意识的功能和重要性各持己见。英国生理学家、心理学家威廉·卡朋特（William Carpenter）最具先见之明。他在1874年出版的专著《神经生理学原理》（*Principles of Mental Physiology*）中写道："两股完全不同的精神活动，就像两列并行的火车，一个是意识，而另一个是潜意识。"越是全面审视我们头脑运作的系统，我们就越能清晰地明白大脑运作是"自主的，更是潜意识的行动，潜意识已经大张旗鼓地潜入了它（头脑）的运作过程中"。这是一个非常伟大的见解，一个我们至今仍在孜孜不倦地添砖加瓦的见解。

　　在卡朋特的著作发表之后，欧洲学术圈里酝酿着如星云流转般无数激进的思想，而关于卡朋特"两列火车"理论的下一个重大发现却是来自海外——来自美国哲学家、科学家查尔斯·桑德斯·皮尔斯。他研究了人类的感知能力，尤其是人类无法察觉的重量和亮度明暗差别的能力。他是威廉·詹姆斯在哈佛的朋友，也是实用主义哲学运动的发起者（虽然这个理论是由詹姆斯发扬于世）。这个名字源于他们的信条——哲学观点和理论应该被看作一种工具，而不是绝对事实，这些理论的可靠性应该用生活中的应用结果来论证。

　　皮尔斯小时候是一个神童。他11岁的时候曾写过化学的历史，12岁的时候就拥有了私人实验室，13岁时，他从哥哥的教科书上学习了形式逻辑，他可以用双手写字并喜爱创新纸牌魔术。成年后，他常吸食鸦片，以缓解神经系统疾病带来的痛楚。但是，他的天赋不受羁绊。在这样的情况下他发表了12,000多页的著作，涵盖了从物理学到社会科学的广泛话题。他发现了潜意识中蕴藏着我们的意识所不知道的知识——正是这种知识，让他能够准确地猜中偷走他金表的小偷的身份，也是这种知识，成为了后来很多类似实验的起源。你可能听说过"强迫选择"（forced choice），就是指在两个选项中，对方一定会选择你想要让他选的那个选项。如今，强迫选择实验也成为了研究潜意识的标准工具。虽然弗洛伊德在流行文化中普及了"潜意识"这一观点，但实际上是冯特、卡朋特、皮尔斯、贾斯特罗和威廉·詹姆斯这些先驱，让我们能够真切地用现代科学的研究方法，了解和探索潜意识的理论。

潜意识主宰着你的精神活动

如今，我们知道了卡朋特所说的"心理活动的两列火车"实际上更像是两个完全不同的铁路系统。更准确的说法应该是，意识和潜意识的铁路各自由无数庞杂的线路组成，而且这两个铁路也在不同的地方多次相连。人类的精神系统远比卡朋特最初构想的要复杂得多，但是我们正在努力解译并绘制一幅站点和路线图。

现在我们已经很清楚，在这个双轨的系统里，潜意识是更为基础的——它从人类进化早期就开始不断发展，以满足我们最基本的生存、感知和安全需求，从而更好地对外界做出反应。潜意识是所有脊椎动物大脑中的标配，而意识更像是产品的附加功能。实际上，大部分非人类物种都可以不靠显意识的思考能力来生存繁衍，但是没有一种动物可以脱离潜意识而生存。

人的感觉系统每秒都在向大脑传递着11,000,000比特的信息，但是，只要你曾经同时照顾过几个孩子，你就会明白，当他们同时对你说话时，你的大脑甚至无法同时应对几个孩子的要求，更别说处理11,000,000比特这样天文数目的信息量了。我们每秒能够处理的信息实际上大约只有16到50比特，所以，如果大脑中的意识部分要独立处理11,000,000比特那么大的信息量，大脑大概就会因负荷过重而死机。虽然我们自己不自知，可是每一秒我们都在做出很多决定，"我感觉有怪味，应该吐出我嘴里的食物吗？""我旁边那桌的人正在说的那个词是什么意思？""他是一个什么样的人呢？"

进化提供给人类潜意识这种工具，帮助我们冲锋陷阵处理汹涌而至的信息流。我们的生理感知，记忆，每天做出的决定、判断看起来似乎都毫不费劲，可实际上，只是因为这些苦活都被大脑中意识之外的那一部分默默无闻地承包了。虽然我们认为区分同一个单词在不同语境下的不同意思是一个简单的任务，但是计算机科学家们深知，他们在这项工作中所遭遇的挫折和恼怒可以用以下这个故事来阐释。

他们要用翻译软件把英语"灵魂是心甘情愿的，而肉体却是软弱不堪的"翻译成俄语，但是翻译软件处理后的俄语意思却成了"伏特加是烈的，但是肉却已经腐烂了"。幸运的是，我们的潜意识所能做的远远凌驾于电脑之上——它掌控语言，感知世界，而且用它傲人的速度和精确性一举驯服其他任务，让我们头脑中意识的部分能够有时间来做更"重要"的事情，比如抱怨那个制作翻译软件的编程员。

一些科学家预计，我们只能察觉到大约5%的认知功能，而其余那95%都游离于我们的察觉力之外，并在我们的生活中施以巨大的影响——简单来说，就是让生命延续成为可能。

无论你的大脑做什么事情，潜意识其实主宰着你的精神活动。无论你的意识是在无所事事或是积极参与潜在的活动，潜意识都在默默地、持之以恒地努力运作着。

看得见的"盲人"

在潜意识的工作中，处理眼睛所传递来的信息无疑是最重要的事务之一。这是因为，无论是人类进化史上的狩猎营生或者耕田聚居，能更好地观察四周的动物就可以吃到更好的食物并更有效地避开危险，从而更加长寿。所以，进化选中了这项能力，并分配大脑的三分之一去处理视觉信息——从波长中解译颜色，察觉边缘和运动，感知深度和距离，判定所见物的身份，辨认脸庞，等等。当大脑的三分之一正忙着做以上这些事情时，你却对这个过程几乎没什么感觉。这些复杂的工作都在你的意识之外，然后，当数据被完整消化和翻译后，处理结果被组织成整洁的报告递交给你的意识。

因此，你永远不用思考你视网膜的视杆细胞和视锥细胞吸收了多少个光子时到底代表的是什么意思，相反，当你的潜意识正在狂热地处理着这些枯燥晦涩的数据时，你只需要——放松地躺在床上，看似毫不费力地盯着天花板或者书上的单词。我们的视觉系统不仅是我们大脑中最重要的系统之一，它也是神经学领域最热门的研究课题之一。

神经学家们曾做过的关于视觉系统的实验中，最引人入胜的是一个文献记录上被称作TN的52岁非洲人。TN身材高大壮实，是一名医生，可是，像是命中注定一样，他是以病人的身份而出名的。2004年的一天，居住于瑞士的他被中风侵袭，导致大脑左边叫作视皮质（visual cortex）的区域受到损伤。

人类大脑被分为两个半球，每一个脑半球被分为4个脑叶，这个划分最初是根据头骨上的纹路得来。脑叶被蜿蜒凹凸的外层所包裹，这个凹凸的外层被称作新皮质（neocortex）。新皮质是大脑最大的组成部

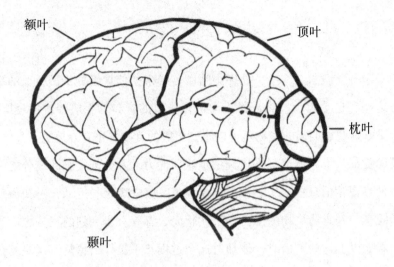

分，它分为6层，其中5层包含着神经细胞，层与层之间的突触彼此拥抱并让这5层相互连接，从新皮质到大脑其他的部分及其神经系统也有着众多连接。新皮质很薄，如果展开大约3平方英尺，也就是说，一个大号比萨那么大的神经组织被压缩进你的头骨之中。新皮质的不同部分扮演着不同的角色。在你大脑非常靠后（接近脊椎）的地方坐落着枕叶（occipital lobe），包含着大脑中主要的视觉信息处理中心，视皮质也位于枕叶处。

我们对于枕叶功能的了解大多来源于枕叶被损伤的生物。当你看见有人想要了解刹车的功能而去开一辆没有刹车的汽车时，你可能会觉得疑惑——但科学家们就是这样做的。他们有选择性地破坏动物大脑的某个部分，并根据它们所失去的功能来推断大脑的这个部分之前所负责的工作。因为伦理委员会禁止切除人类实验对象的大脑部分，所以研究者们蜂拥到医院里寻找那些天生或者因为事故而不幸缺失了大脑某个部分的病患。对实验对象的找寻有可能是漫长枯燥的，因为大自然并不管事故造成的损伤对医学研究是否有用。TN的中风例子格外值得注意是因为这个损伤正好，也仅仅损伤了他大脑的视觉中心，唯一的缺陷——从研究的角度来说——是这场中风仅仅影响了左边，也就是说，TN依然可以使用他视野的另一半。对于TN来说不幸的是，这个情况仅仅持续了36天，之后，悲剧的二次大出血发生了。

在第二次中风之后，医生们检测了这个雪上加霜的损伤是否使TN完全失明。对于有些失明的人，他们依然有很小一部分的残余视觉，他们可以看见及分辨光亮和黑暗，可是TN不行。医生在TN第二次中风后做出的检查结果是：TN不能区分形状或者觉察颜色和动态，也不能感觉到强烈光线的存在，随后的检查确认了TN枕叶的视觉区域确实完全失去了正常功能。虽然他的眼睛依然可以聚集和记录光线，但是他的视皮质缺乏处理从视网膜送来的信息的能力。正是因为这种状态——完整的视觉系统和一个完全被破坏的视皮质——TN成为了一个十分抢手的科学研究对象。当然，与此同时，医生和研究者们都在努力着挽救他的视力。

有很多实验都是在TN这样的实验对象身上进行的——我们可以测试他们在听力方面的提高，或是关于过去的视觉体验的记忆，但你或许并不会想到以下这一项——测验一个失明的实验对象是否能够通过凝视你的脸，来感知你现在的情绪——这恰恰是实验者们在TN身上进行的实验。

研究者们在TN前方几尺处放置了一个笔记本电脑，上面显示着一系列白色背景上的黑色的形状——圆圈或者是方形。然后，沿用查尔斯·桑德斯·皮尔斯的传统，他们要求TN进行"强迫选择"：当每个形状出现在电脑上的时候，他们要求TN辨认到底是圆圈还是方块。"仅仅是做个猜测。"研究者们请求道，于是TN遵照他们的要求做了。大约有一半的时候TN做出了正确的猜测，这50%的几率也是我们可以预见的——因为他完全不知道正在看见的是什么形状，随机猜测的几率正是50%。现在到了这个实验最有趣的部分——科学家们在电脑上呈现了另外一系列的图像，这一次他们选择的是一系列生气的或者是开心的脸。游戏规则依然是一样的，让TN在"看见"每幅图片的时候来猜测屏幕上的脸是生气的还是开心的，但是，辨认面部表情与辨认几何形状是完完全全不一样的任务。

在人类行为中，脸庞扮演了一个特殊的角色。这就是为什么，尽管男人们通常关注的并不是脸，特洛伊的海伦依然被形容成拥有一张"倾国倾城的脸"，而不是"倾国倾城的胸"。我们观察别人的脸来快速判断他们是开心还是难过，满足还是不满足，友好的还是危险的，而我们对突发事件的诚实态度也折射在面部表情上，这个表情很大程度上是由潜意识控制的。

面部表情，正如我们在第10章中将要讲到的，是我们交流的关键，而且它很难被抑制或者伪造。无论男人对女性的身材有多么的关注，或者女性对男人的肌肉有多么的热衷，人类的大脑里没有专门分析鼓起的肱二头肌、紧实的屁股或者胸部曲线的部分，但却有一个独立的区域用以分析脸——这个区域被称作梭状回面孔区（fusiform face area）。要阐释我们大脑对脸的特殊待遇，请看下面这张颠倒的美国前总统奥巴马的图片。

我们可以看到，在这组图中，图C看起来尤其扭曲，而图A看起来并没有那么不正常。事实上，下面的照片和上面的照片是完全一样的，只不过上面的照片被翻转了180度——我知道，因为这个是我做的，但

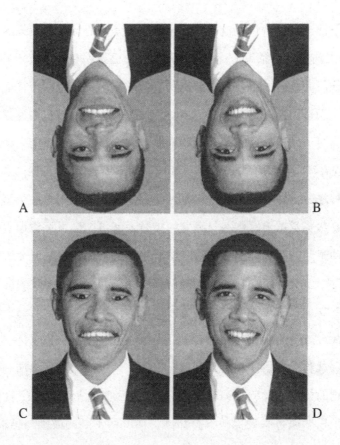

是如果你不相信，只用把这本书倒过来180度，你就会看到，图A看起来很糟糕，而图C看起来却很正常了。你的大脑向脸庞投入了更多的精力，尤其是相对于其他的视觉现象——因为脸庞更为重要。这也是为什么我们更擅长发现那些正面朝上脸庞上的扭曲，而不是那些被180度翻转过来的脸庞。

　　研究TN病状的研究者们选择了脸，也正是因为他们相信，这些大多归于潜意识管辖的关注有可能能够让TN提高他的表现，虽然他没有任何"看见了"的有意识的认知，但在这个实验中，TN在三分之二的情况下都正确地辨识了他所"看见的"脸是开心的或者生气的。虽然在TN大脑中，对意识进行视觉感知的部分已经明显地被破坏了，但他的梭状回面孔区，也就是潜意识所掌管的区域，依然在正常地接收着图像。于是，这对TN在被迫选择试验中所做出的有意识的选择是存在着影响的，只不过TN自己不知道而已。

现在我们知悉了关于TN这个病患的第一个实验，而在这个实验的几个月之后，另一组实验者们询问TN是否愿意参与另外一个测验。如果你突然感觉就要踩到一只睡着的猫时，就可能会下意识地避开，这个自动避开的行为是由你的潜意识所主宰的，而这也是研究者们想要在TN身上进行实验的。研究者们提议观察TN在没有拐杖的情况下从一个堆满杂物的走廊中走过的情形，这个主意让所有参与的人员都感到非常兴奋——除了TN自己，他拒绝参加这个实验。他也许在关于脸的辨别试验中取得了成功，可是一个盲人怎么能够同意参加一个充满障碍物的探险实验呢？研究者们恳求TN，他们慷慨地向TN提供了一段"护送"服务来确保他不会摔倒。在这些不断的鼓励与恳求之下，TN改变了他的决定。于是，出乎所有人——包括TN本人的意料，TN完美地从走廊中蹒跚而过，途中避开了一个垃圾桶、一堆废报纸和几个盒子。他一次也没有跌倒，也没有撞上任何的物体。当被问及他是如何完成这个任务的，TN无法对自己的完美表现做出任何解释，只是坚持要回了他的拐杖。

TN这种毫无视觉感知，却能够对眼睛所接收的视觉信号做出反应的行为，被称作"盲视"（blindsight）。这是一个重要的发现，当它第一次被报告时，"激起了一大片充满质疑的责难声"，而最近它终于被接受。如果我们换一种说法的话，它听起来就不那么让人惊讶了。当我们的有意识的视觉系统失去功能时，眼睛和潜意识系统却是完好无损的，那么就会出现所谓的盲视现象。盲视是一个古怪的病症——但是它再一次戏剧性地诠释了大脑中"意识"和"潜意识"这两列火车独立运行的系统。

T少校的盲视病例

视觉是由多条生理通道协作产生的，这一论断的第一条科学依据来自英国军医乔治·里德克（George Riddoch）。科学家们在19世纪晚期开始通过对狗和猴子进行手术，来研究枕叶在视觉中占据的重要性，但是关于人类的相关数据却奇缺无比。第一次世界大战来临时，眨眼间，德国人就把英国士兵们变成了手中的实验对象，一部分原因是英国人的头盔总是在士兵的头顶上"舞蹈"——这可能看起来非常时尚，但却未能很好地掩护他们，尤其是他们的背面。

根据战前操演的内容，一个士兵的任务是保持身体的所有部分都被坚实的土地所掩护——除了他的头——在战火中昂扬的头颅。结果是，英国士兵身上25%的穿透性创伤都来源于头部，尤其是枕叶，以及它的"邻居"小脑。放在今天的话，同样的子弹创伤路线肯定会让脑花变成烤熟的香肠，会让受害者一命呜呼，但是，在那个时候，子弹要更慢一些，而且效果更加离散，子弹会穿透灰质形成一个干净利落的孔道，而并不怎么影响周围的其他组织。于是受害者能够幸存，而且当大脑变成了一个甜甜圈一般的地形后，他们依然能够存活。一个在日俄战争中服役的日本医生就遇到了众多类似的病例，于是发明了一个方法来精确标记大脑内部的伤害——是根据子弹洞与几个不同的头骨外部特征的相对位置来确定的（其实，这个医生的官方工作是根据士兵大脑伤害的程度来发补济金）。

里德克医生最有趣的病患是T少校，当他正率领着士兵迎向战斗的时候，一颗子弹横穿了他的右枕叶，但是，他勇敢地擦去了脸上的血迹，继续带领士兵冲锋陷阵。当被问及感觉如何时，他说只是有点儿头晕，除此之外一切都很好。可是他错了，15分钟之后他就晕了过去，当他11天后醒来时，发现自己身处于一家印度的医院里。

虽然T少校重获清醒，但被遗漏的隐患在晚餐的时候显现出了第一缕征兆——他有点儿看不清楚盘子里左边的那片烤肉。在人类生理构造中，眼睛与大脑的连接是这样的：视野左边接受的信息被传递到右侧大脑，反之亦然。也就是说，不论信息是来自哪只眼睛，当你向前方直视时，你看到的左边的所有东西都被传递到大脑的右半球，也就是T少校被子弹横穿过的部分。当他最终被送回英国的时候，T少校左边的视力已经完全丧失，但却出现了一个奇怪的现象——他的运动知觉并没有障碍，也就是说，他虽然看不见物体的颜色或形状，但他知道有东西在移动。T少校因为这个非常烦恼，尤其是坐火车的时候（他可以感觉到视野的左边有什么东西在飞快移动着，但却看不清是什么东西）。

T少校并不能算作一个真正的盲视案例，但他的病例依然算是开拓性的，因为他向世人提出了一个猜想：视觉是一种信息沿多种途径穿行的累积效应，这些途径可能是有意识的，也可能是潜意识的。乔治·里德克发表了一篇关于T少校和与他类似的病人的论文，不幸的是，他的成果遭到一个有名的英国军医的嘲笑，论文也被抹杀并湮没进资料的汪洋中，好几十年内都没有机会重新浮出水面。

直觉可能更靠谱

　　直到今天，探究潜意识的视觉功能都是一件非常困难的事情，因为患有盲视的病人实在是太稀少了。直到2005年，安东尼·兰格尔（Antonio Rangel）在加利福尼亚理工学院的同事克里斯托弗·科克（Christof Koch）和另一个同行，发明了一个在健全实验者身上也可以探究潜意识视觉的方法，虽然科克的这个发明最开始是为了探寻意识的真正含义。如果说关于潜意识的研究，直到现在都不是一个有前景的职业，那么，如科克所说，关于意识的研究，至少在20世纪90年代以前，都被当作"认知能力下降的一个标志"。今天科学家们终于携手研究这两个课题，而且研究视觉系统的一个好处就是，它比研究记忆或者是社会认知更容易。

　　科克的研究小组发明的技术探究了一个叫作"双眼竞争"（binocular rivalry）的视觉现象。在正常的情况下，如果你的左眼和右眼分别被呈以不同的图像，你并不能同时看见这两幅图像。实际上，你一次只能看见其中的一幅图像，一会儿过后，你又会看见第二幅图像，然后，又看见第一幅图像，这两张图像会在你眼前无限交替出现。科克的研究小组还发现，如果一只眼睛前呈现的是一幅静态的图像，而另一只呈现的是一幅变化中的图像，那么，人们只能看见变化中的图像，而永远看不见静态的图像。比如，假设你的右眼看到的是一幅两只猴子玩乒乓球的视频，而你的左眼前是一张百元大钞的照片，你根本就不会意识到百元大钞的存在，虽然你的左眼依然记录下了百元大钞的数据并尽职尽责地传递给了你的大脑。从某种意义上说，这项技术创造了一种"模拟盲视"——一种不用破坏大脑就能研究潜意识视觉的方法。

有了这样一种新技术，另外一组科学家们在正常人身上进行了一种实验，有些类似在TN身上做的实验。他们在实验对象的右眼前放置了色彩浓烈的、快速变换的马赛克图像，在实验对象的左眼前放置了一张静态物体的照片，照片上的物体位于左边或右边。实验对象的任务就是，在并不能有意识地感知到这张静态图像的情况下，猜测这个物件的位置。研究者的预期是：和TN的实验结果一样，只有当照片中的物体是人类大脑最感兴趣的，来自潜意识里的暗示才会更加强烈。

照片中的物体有着明显的分类，当科学家进行这个实验的时候，他们选择了一组静态的色情图片——是的，你没看错，色情图像，或者用科学的术语来说，是一组"能够高度唤起性欲的图像"。实际上心理学家们有一个叫作"国际情绪图片系统"（International Affective Picture System）的数据库，里面包含了480幅涵盖了从露骨的色情资料、残缺不全的尸体到孩童和野生动物的各种图片，这些图片根据情绪唤醒程度被进行了科学的分类。

正如研究者们所预期的，在实验对象被呈以不具有挑逗性的静态图像时，当被问及物体是在照片的左边还是右边，他们的答案在一半情况下是正确的——你所能预料到的，完全随机猜测的正确率——正如让TN猜测图像是圆圈还是方块时他的正确率一样。但是当异性恋男性实验对象被呈以裸体女性的图像时，他们对图像位置猜测的准确率明显提高了。同样，当异性恋女性被呈以裸体男性图像时，她们感测位置的能力也大幅提升。当这个实验在同性恋实验对象身上重复时，这个实验结果如我们所预料的一样翻转了过来——恰恰印证了实验对象的性取向。

事后被问及所看到的图像时，所有的实验对象都只描述了右眼前那一长串枯燥变换中的马赛克图像。实验对象们没有丝毫的察觉——当他们的意识在凝视着一系列令人瞌睡的图片时，潜意识却在享受着视觉的盛宴。这表明，色情图片的信息并没有被送至大脑的有意识部分，但是这个过程却被潜意识铭记下来，所以实验对象才有了模模糊糊的潜意识认知。并非所有出现在我们脑中的东西都源于有意识的感知，潜意识可以注意到意识所不能注意到的事物。所以，当这个机制运行的时候，我们可能会对某件事、某个人产生某种预感，但是对这些想法从何而来却不得而知。

很早以前我就知道，有时候最好的选择就是跟随这些直觉。当我20岁的时候，第四次中东战争刚结束，我去参观被以色列占领的叙利亚戈兰高地。当走在一条废弃的公路上时，我发现旁边农田里有一只有趣的鸟。作为一个鸟类爱好者，我决定靠近一点儿去观察。篱笆包围着这片农田——但这种小障碍是阻挡不了鸟类观察者的，虽然这个篱笆上有一个用希伯来文写的标志牌。我的希伯来文还没有好到可以翻译这个标牌上写的内容，所以我很犹豫是否要翻过篱笆。冥冥中有个声音告诉我："是的，不要越过它！"现在回想起来，这个冥冥之音就像是皮尔斯指出偷了他金表的疑犯的声音一样。可是我的意识却告诉我："去，跨过它，快一点！"于是，我爬过篱笆向那只鸟栖息的地方走去，马上我就听见了希伯来语的大声叫喊，声音的方向，是一个站在路边向我挥手的男子。这个男子激动而又含混不清的话语非常难以理解，可是在我破烂的希伯来语听力和他的手势的帮助下，我很快就明白了这是怎么回事儿——我转向那个警示牌，立马认出了标牌上的文字，上面赫然写的是："危险，雷区！"我的潜意识收到了这条警告，可是我却用意识否决了它。

很久以前，当我无法找到一个合理的逻辑时，要我相信直觉是一个非常困难的事情，但是这段经历改变了我。我们所有人，其实都有点像TN，对很多东西视而不见，但是潜意识却亲切地忠告我们向左或向右闪躲，这些忠告可以拯救我们——只要我们的大脑愿意敞开柴扉。

神奇的"脑补"现象

潜意识并不仅仅翻译感官数据，也会提升改善它，潜意识必须这样做，因为我们感官所传输的数据质量非常低劣，必须将这些数据整理好才能使用。举例来说，眼睛所提供的数据中有一个缺陷叫作"盲点"（blind spot）——由于人眼的视神经是在视网膜上面汇集到一个点才穿过视网膜连进大脑，如果一个物体的影像刚好落在这个点上就会看不到，这个地方就是盲点。正常情况下，你并不会感觉到这个盲点，因为大脑会根据从这个区域周围获取的数据来填补这个拼图，但是，我们也可以人工制造出一个发现盲点的情况。比如说现在，请看下面这幅图，把这本书放在离你的脸一尺远的距离，闭上你的右眼（或者用别的东西挡住），然后，用你的左眼看向以下数列右边的数字"1"。在你的视野边缘你依然可以看见左边的那张"苦脸"，现在，头保持稳定不动，依然用左眼从刚才的"1"向左依次看向"2"、"3"。依此类推，你会发现，那张"苦脸"会在它落入你的盲点的时候消失。比如，"苦脸"大概会在你看到数字"4"的时候消失，然后在看向"6"的时候重新出现。

☹   9 8 7 6 5 4 3 2 1

为了补偿盲点的存在，你的眼睛每秒钟都会微微改变一点位置。为了区别普通扫视时发生的眼急动，这种眼部活动被称作微扫视（microsaccade）。它是人类身体所能进行的最快的运动，以至于没有特殊仪器的辅助，是没有办法观察到这种快速活动的。举例来说，当你正在读这些文字的时候，眼睛就在沿着字列进行着一系列的扫视，而当我和你说话的时候，你的目光就会在我的脸周围游移，而且多半在我的眼睛附近。控制着你眼球的那六块肌肉一天之内就会运动十万次——几乎就是你心跳的次数了。

如果把眼睛看作是一个简易的摄像机的话，那么它本身的颤动几乎会让这段录像无法观看，但是大脑会默默地帮忙剪辑影像，从而弥补了眼睛所造成的缺陷，并且填补感知上的遗漏。你可以更戏剧性地诠释这个编辑的过程，但是需要叫上一个很好的朋友，或者至少是一起喝过几杯酒的熟人。

现在你要做的是，面向同伴站在离他大约1米开外，也就是说，你们的鼻尖之间相隔了1米的距离，然后，要求同伴凝视你两眼之间的中点。接下来，让他看向你的左耳，然后目光再回到你两眼之间的中点。让他重复这个步骤几次，同时，你的任务是观察同伴的眼睛，你会很容易地看到同伴的眼睛不停地来回移动，但问题是，当你和自己面对面站着，重复这些步骤的时候，你是否能够看见自己眼睛的运动？——你怎么样进行这个测验呢？站在一面镜子前，鼻子距离镜子大概0.5米。首先，看向两眼之间，然后看向左耳，重复这个步骤几次。很神奇是不是？你可以看见两眼之间以及左耳，可是，你却永远也看不到眼睛在它们之间移动。

传递数据时，眼睛存在的另一个缺陷与你的周边视觉（peripheral vision）有关。当你伸出手，然后看大拇指的指甲，你会发现视线会集中在指甲盖，或者是指甲边缘。哪怕你拥有2.0的好视力，你在这片区域之外的视觉清晰度，大概和一个重度近视患者所看到的世界没什么两样。我们再来做一个实验，站在1米开外，然后看向下面第一行中间的那个星号*，请一直把视线固定在这个星号上。同一行的那两个F之间的距离仅仅比大拇指指甲盖的宽度要多一点，你可能正好能够看清A和F，然后看E的时候有一点困难，但是却不怎么看得清其他字母了。现在，下移到第二行。在这一行中增大的字母给了你一些帮助，但如果你正好和我一样，那么甚至也看不清在第三行的所有字母，这恰恰指示了你周边视觉的糟糕质量。

P Z L E F A ＊ A F E Q C A

G C D E F A ＊ A F E Z P O

P G L E F A ＊ A F E D C R

　　盲点、扫视、糟糕的周边视觉——这些都会给你带来严重的问题，比如说，当你看向你的上司的时候，视网膜向你真实呈现的图像是一个模糊、颤动着的、在脸的正中央有一个黑色的洞的人。不论从感情上来说这张图像有多么的合适，可是，这却不是你真实感知到的图像，因为大脑自动处理了这些数据，将两只眼睛接收的数据合并，并移除了颤动所造成的瑕疵效果，再根据邻近视觉特性填补了盲点造成的空缺。上面的图片可以诠释大脑为你所做的一些处理步骤，左边是照相

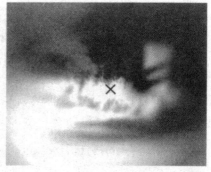

原情境，由照相机制录。   同样的情境由视网膜成像后的样子。

机所记录下来的图像，而右边是同样的图像——被人类的视网膜所记录，没有多加处理的样子。对于你来说，幸运的是，这个处理的步骤已经在你的潜意识里完成了，使你所看到的图像和照相机所捕捉下来的一样精致完美。

　　我们的听力也有类似的处理方式，举例来说，我们会无意识地填补听觉数据中的空缺。为了诠释这个现象，在一个研究中实验者们录下了"加州政府成员赴首都参加了立法机构的会议"这个句子，并且把立法机构这个单词（legislature）中长达120微秒的"s"的发音替换成了一声咳嗽。在这个试验中，他们告诉20个实验对象即将听到的录音里包含了一声咳嗽，然后，他们向实验对象提供了打印出来的这句话的原句，要求他们在听到咳嗽的时候，精确地圈出咳嗽在句子里出现的地方，他们也被问及这声咳嗽是否遮掩了所圈下单词的任何发音。

　　所有的实验志愿者都报告听到了咳嗽，但20人中，19人都报告说文字中没有任何发音被遗漏，只有一个实验对象报告咳嗽遮掩了应有的发音，但是却没有辨认出真正被遮去的是那个"s"。更重要的是，在后期的研究中，实验者们发现，即使是被训练过的人也发现不了这个被遮掩掉的声音。他们不仅不能精确定位咳嗽发出时念到的文字位置——甚至他们圈下的位置也一点儿都不靠近真正的答案——这声咳嗽听起来似乎没有出现在句子中的任何一个地方。就算是"立法机构"（legislature）的发音中整个"gis"的部分都被咳嗽所遮掩，实验对象依然不能辨认出缺失的音节。这个现象被称作音位恢复（phonemic restoration）。从概念上来说，它与你大脑填补盲点空缺的行为，或者提升你周边视觉的低像素行为异曲同工。

音位恢复有一个惊人的特性：它是根据你听到的词句的语境做判断的，所以，你在句首听到的内容会被句尾的内容所影响。举一个例子，让星号*表示咳嗽声，听者在另外一个著名的实验中报告说，在"It was found that the *eel was on the axle（在轮轴上发现一个*子）"这个句子中听见了"wheel（轮子）"这个词，而当他们听"*eel was on the shoe（*子在鞋子里面）"这个句子的时候，他们报告听见了"heel（脚跟）"这个单词（译者注：在这两个句子中，同样都是关键单词中缺失了主导单词发音的首字母，也就是说，缺失的首字母，"wh"或者是"h"决定了这个单词的意思——到底是轮子，还是脚跟。而影响听者判断的，则是两个句子中分别出现的"axle"轮轴以及"shoe"鞋子这两个关键词，向听者提供了一个语境，让他们对两次听见的相同读音的词做出不同的"脑补"）。

同样的，当句尾的词是"orange（橘子）"的时候，他们听见了"Peel（皮）"；当句尾是"table（桌子）"的时候他们听见了"meal（饭菜）"。在每一种情况下，向实验对象提供的数据都包括了同样的读音"*eel"。

每个大脑都耐心地手持这份信息等待着关于语境的更多线索，于是，当听到了轮轴、鞋子、橘子或者桌子这样的单词后，大脑终于补齐了合适的辅音。直到这时这个句子才流畅地划过实验对象的有意识大脑，并且对自己所"听到"——实际上被咳嗽所遮盖的那部分的准确性相当自信。

小　结

物理学家们发明了模型或理论来解释和预测在宇宙中所观测到的数据，比如牛顿的重力定律，还有爱因斯坦的重力论。牛顿认为，自然界中任何两个物体都是相互吸引的，引力的大小与两物体质量的乘积成正比。而在爱因斯坦的定律里，这种效力是通过弯曲时空发生的，并没有把重力认作是一种力的概念。它们当中的任何一个概念都能以极高的精确度来解释苹果落地的现象，但在解释苹果落地的现象时，牛顿的理论用起来更容易上手一些。然而，从另一个方面来说，当你开车时，运行GPS卫星导航系统所需的定位计算，依照着牛顿的理论却会得出错误答案，必须运用爱因斯坦的理论。现在我们知道，实际上这两个理论都是错的——它们都仅仅是很贴近自然中真实发生的事件而已，但是这两个理论又同时都是正确的，因为它们都为该领域提供了一个精确实用的解释。

在某种程度上，我们每个人的大脑都是一个科学家，以我们为圆心构建了一个世界的模型——大脑每天感知到的世界。就像关于重力的理论一样，虽然这个感官世界的模型也仅仅和现实相似，但是它们往往都能完美地运行。

我们感知的世界是一个人工建造的环境，这个环境里既存在着潜意识处理的成果，也存在着真实的数据。大自然为我们提供了一个灵活的大脑，使我们能够克服信息中的那些空缺。大脑为我们所做的这一切都发生在潜意识的层次——我们甚至感觉不到正在接收这些信息。是的，大脑所做的这些并不需要有意识的付出，当我们坐在儿童椅中品尝着五香炒豆，或者是成年后坐在沙发里啜饮着啤酒，我们甘心接受了潜意识塑造的视野，根本不会意识到这只是大脑对现实的演绎。

于是，这给我们带来了一个会反复回顾的问题，如果说我们潜意识的主要功能就是为那些不完整的信息进行填补，从而构造出一个关于现实的画卷，那么，这个画卷中到底有多少才是真正精确的？举个例子来说，当你遇见一个不认识的人的时候，和他/她短暂地对话，并且根据这个人的外貌长相、穿着打扮、人种民族、说话口音和体态姿势，还有你自己的一些任性的想法，便对这个人生成了一份评估报告，但是关于这个报告的准确性你又有多少自信呢？

在本章中我们将聚光灯投向视觉感知这一话题，来诠释大脑关于信息处理的"两列火车"系统。视觉感知中潜意识偷偷填补信息空缺的这个魔法仅仅是大脑处理的众多精彩表现中的一项，当然，记忆是另外一项。在下一章，我们将要讨论记忆这个话题——潜意识是如何积极参与、塑造你的记忆的。你将会看到，潜意识是如何骗过你的大脑，创造出关于事件的回忆的。

REMEMBERING AND FORGETTING

第3章

记忆与遗忘

有一个人立志要描绘这个世界。岁月流转，他画出了村镇、王国、山脉、海湾、船只、岛屿、鱼虾、房间、器具、星空、马匹和人。临终之前，他才发现，自己耐心勾勒出来的纵横线条竟然汇合成了自己的模样。

—— 豪尔赫·路易斯·博尔赫斯（Jorge Luis Borges ）
阿根廷作家、诗人

在北卡罗来纳州中部的山楂河以南坐落着一个古老的磨坊小镇——伯林顿。这里的夏夜炎热、潮湿，是烟草、苍鹭的家园。布鲁克伍德花园公寓是伯林顿建筑的典型代表，它是一个灰色砖墙堆砌的单层建筑，坐落于依隆学院以东几英里开外。依隆学院是一个私立学校，在磨坊衰落之后就成了这个小镇的主宰。1984年7月的一个炎热夏夜，22岁的学生珍妮·汤姆森正在熟睡中，一个男子从她房间的后门悄悄潜了进来。当时正是凌晨3点，珍妮的空调嗡嗡作响，男人割断了她的电话线，打碎了房间外的灯泡，然后破门而入。这些声音都不足以让珍妮从睡梦中醒来，但那个男人的脚步声把她吵醒了。当她睁开眼，发现他压在她身上，用小刀抵住她的喉咙，并威胁如果反抗的话就杀了她。接着，这个入侵者强奸了她。珍妮努力记住歹徒的面部特征，心中默念如果能活下来，就一定要认出他的脸。

最终，借着谎称开灯给男子倒水的工夫，珍妮赤裸着全身从后门逃了出去。她疯狂地拍打着隔壁一栋楼的大门，熟睡的住户没有听见她的求救声，强奸者却听见了。眼看着强奸犯追了出来，珍妮只得狂奔向草坪对面另一家亮着灯的房子。强奸犯没有再继续追来，而是闯入了附近一栋楼并强奸了另外一名女性。最终，珍妮被送往医院，在那里警察提取了她的头发以及阴道残留物的样本。之后，警察们将珍妮带回了警局，然后根据她的描述画出了罪犯的样貌。

第二天，更多的线索蜂拥而至。其中一名疑犯名叫罗纳德·卡顿，22岁，有前科。他在珍妮公寓附近的餐馆工作，当他还是少年时，就曾被指控非法闯入私人住宅并进行性骚扰。事发后第三天，警探麦克·高尔丁把珍妮叫到警局总部，他在桌子上放了6张疑犯的照片。珍妮仔细观察了这些照片，"我感觉就像当年参加SAT（美国高考）一样。"她说。有一张照片就是卡顿的，珍妮指认了这张照片。几天后，高尔丁将照片中的5个人都带到警局让珍妮再次进行指认。每个人都被要求向前一步，说一句话，然后再退后站好。一开始，珍妮并不能确定强奸犯到底是这一排中第4个还是第5个，但最终，她认为还是第5位——再一次，指向了卡顿。根据珍妮的回忆，当她得知这名疑犯与她指认的照片是同一人时，她默默对自己说："Bingo！我终于找对了！"在法庭上，珍妮再一次指认卡顿并认定他就是强奸她的那个人。40分钟后法官做出判决，判卡顿50年有期徒刑。珍妮说，那是她人生中最开心的一天，她甚至开了一瓶香槟庆祝。

然而，被告人卡顿矢口否认。除此以外，一个叫波比·普尔的人也出现在警方的视线里，普尔与卡顿长得非常相似，也在警方的画像之中，也同样因强奸罪而入狱。卡顿质问普尔是否就是珍妮受害案的真凶，但普尔一口否认。幸运的是，波比·普尔曾经向另外一名牢犯吐露他强奸珍妮以及另外一名女性的事，于是，在狱徒的告发之后，卡顿赢得了重审的机会。

在这次审讯中，珍妮被再次要求指认强奸她的罪犯。她站在普尔与卡顿15英尺开外，再一次指认了卡顿，一口咬定他就是强奸犯。即使普尔长得有点像卡顿，但是由于她在被强奸后的经历——指认照片，以及法庭上多次指认——卡顿的脸被永远烙在了她的记忆中。卡顿不但没有获得清白，反而受到更为严厉的惩罚——终身监禁。

转眼七年时间过去了，这个老案唯一剩下的证据只有强奸犯留下的一个精子，它被遗忘在伯林顿警局的一个柜子上。此时，多亏了辛普森谋杀案，DNA检验技术问世了。卡顿恳求他的律师对精子残液进行DNA检测，检验结果显示：真正强奸了珍妮的并不是罗纳德·卡顿，而是波比·普尔。

在这个案例中我们仅仅知道，受害者记错了罪犯。珍妮的记忆到底有多准确，或者有多少被扭曲模糊的部分，我们不得而知，因为这起案件没有任何客观的记录，但是，我们又很难找到一个比当事人珍妮更为可靠的目击证人了。她无疑是聪明的——在被侵犯的时候保持了相对冷静，并且努力记住罪犯的面部特征。对于卡顿她事前并不熟悉，也没有持任何偏见，可就在这种情况下她依然指错了罪犯。这个事实让人难以释怀——如果连当事人都能在指认罪犯的时候出现错误，那么，还有什么理由可以相信任何一个目击者呢？

每年大约都有75,000起列队指认，统计显示，大约20%到25%的情况下，目击者所做出的指认都是错误的。警察们知道这些指认是错误的，因为他们会把一些清白的人安插进来，很多时候"清白的人"就是探警自己，或者是从监狱里挑出来的。虽然这种情况下，错误的指认并不会让任何人卷入麻烦之中，但是请细想一下：虽然警察们也清楚目击者错认的概率，但是，每当目击者指认的人和警察猜测的一样时，警察以及法庭依然认为指认是可靠的。

现在你已经明白，这种指认有时候不完全可靠。实际上，实验研究表明：就像哈佛大学心理学家雨果·蒙斯特伯格（Hugo Münsterberg）所写的一样，人们在模拟犯罪场景下，当真正的罪犯并不在指认队伍里时，目击者们过半都会做出和珍妮一样的事情——他们一定会选出一个人，一个最符合他/她关于罪犯记忆的人选，所以错误的目击者指认是错误定罪的主要原因。一个叫作"清白计划"（Innocence Project）的组织发现，依靠DNA检验技术得以清白的人中，75%都是因为不准确的目击者指认而含冤落狱的。

你或许会想，既然这些统计发现了如此之多的冤案，关于目击证人指认这个方法的使用应该已经发生了翻天覆地的变化。可不幸的是，法律系统拒绝改变，直至今天，大多数警察依然依赖列队指认——你依然可以在法庭上仅仅因为一个陌生人的证词来给某一个人定罪。

戳穿"人肉录音机"

我们很少拥有事情真实发生过的直接证据，所以，在大多数情况下，我们都不知道记忆到底有多准确。事实上，在一个实例中，研究者向记忆失真者提供了一份无法被推翻的事件记录，并且给记忆失真者一个机会重塑并构建所发生的事件。我指的是20世纪70年代的水门事件。1972年的总统大选中，为了取得民主党竞选的内部情报，共和党候选人尼克松的竞选班子成员非法闯入民主党全国委员会总部，当场被捕，随后尼克松曾试图掩盖此事。尼克松的白宫法律顾问约翰·迪安也参与了掩盖计划，而正是这些滥用职权的百般遮掩和偏袒，导致了尼克松的下台。

迪安据说拥有非凡的记忆力。正如全世界数百万观看电视直播的观众所见，他在美国参议院所举行的听证会上做出了详尽的证词。在他的证词里，迪安回忆了他与尼克松以及其他水门事件的重要人物的对话。他的记忆是如此具体，以至于被大家称作"人肉录音机"，而真正对迪安的证词赋予科学上的重要性的是一段磁带录音。参议院委员会在迪安的听证会之后发现了一个记录了总统对话的录音机——为了自己的方便，尼克松秘密记录了谈话，所以，"人肉录音机"的记忆可以与现实进行对照检查了。

心理学家乌瑞克·奈塞尔（Ulric Neisser）做了对比检查。他煞费苦心地将迪安的证词与在案的实际记录进行了比较，并且编录下了他的调查结果。迪安实际上更像是一个历史小说家，而不是录音机——他对谈话内容的回忆一点儿也不精确，甚至与现实背道而驰。

例如1972年9月15日——也就是在水门事件的丑闻吞没白宫之前——大陪审团对其调查给出了结论，并且向7名参与者下达了控告书。这些被公诉的人包括5名参与水门情报窃取的人，但是在这5个人中，只有两个人参与了这起犯罪的策划，他们就是"小鱼"霍华德·亨特和戈登·李迪。司法部表示，没有证据能够向任何参与者提出更高的起诉了，看起来似乎是尼克松胜利了。在迪安的证词中，他形容总统尼克松的反应是：

> 那天下午，我接到一个电话，要求我去总统办公室。当

我到达总统办公室的时候，我看见霍尔德曼（尼克松的首席幕僚）和总统都在。总统让我坐下来，他们两个看起来心情不错，非常热情和友好地接待了我。然后，总统告诉我，波比（指的是霍尔德曼）向他汇报了我处理水门事件的进度。总统告诉我，我做得好，他知道这是一个困难的任务。我回答说，我配不上这些表扬，因为别人所做的事比我做的难多了。在总统讨论这个事件目前的状况时，我还告诉他，我在这个案子中能做的就是保证它不在白宫的干涉范围之内。我还说，还有很长的一段路要走，这件事才会真正的结束，而且也无法保证这一事件不会走漏风声。

当奈塞尔一丝不苟地将迪安的叙述与在案记录进行对比之后，他发现迪安所说的几乎没有一句是真的。尼克松没有让迪安坐下来，他没有说霍尔德曼向他报告了迪安处理事件的进度，他并没有赞扬迪安对水门事件处理得很好，他也没有说过任何有关起诉的话。事实上，迪安不仅没有说他"不能保证"这件事件不会走漏风声，相反，他让尼克松放心，并且保证"没有什么会马失前蹄"。

当然，迪安的证词听起来是为自我需求服务的，有可能他在故意撒谎，以隐瞒他在这个事件中所扮演的角色，但是如果他真的在撒谎，那他的叙述"表演"做得并不好。从总体来说，他的证词虽然与磁带所揭示的在案记录大相径庭，但以其罪证的力度来说，是没有区别的。也就是说，迪安没有理由要编造一番同样能定罪，同样不能为自己开脱的证词。但在这些所有对比之下，最有趣的是，迪安叙述中那些无法定罪也无法免罪的小细节，那些他感觉到非常肯定的细节，都是错的。

你或许会认为，这些记忆的扭曲经常会发生在受到严重侵害的受害者身上（或是那些像迪安一样试图掩盖自己罪行的人），与你每天的生活并没有什么关联（比如你对于自己的人际交往的细节的记忆），但是，记忆扭曲其实发生在每个人每天的生活中。

举个例子，现在让我们来想象一个商务谈判。参与谈判的不同利益集团在几天的时间内不断讨价还价，而你很确信能记得在这几天内你自己，以及其他人所说过的话。可是，在你构建自己记忆的时候，有你说过的部分，也有你试图向别人交流的部分，也有其他人在这个过程中对你所传达的部分，以及你自己对此的理解。而最后，人们对这些理解所回忆起的内容就像一条链子，一环扣着一环，由不同视角不同时刻所产生的记忆貌似完美地首尾相连构成了整个故事。人们常常难以统一他们对同一个事件的回忆，这也就是为什么当人们进行重要谈判的时候，律师会在一旁做记录了。虽然这并不能完全消除可能的记忆失误，但是这样的措施尽量减少了它的可能性。

约翰·迪安以及珍妮·汤姆森的例子向我们提出的问题正是：人类的记忆是如何工作的？为什么会产生这种记忆扭曲？我们又能在多大程度上相信自己每天日常生活中的记忆？

记忆为什么会扭曲

存在于我们大多数人心目中的传统观点就是，记忆像是一个储存在电脑硬盘里的电影库。在传统观念中，你的大脑记录会准确且完整地记录下某个事件，如果在回忆的过程中出现困难，那是因为你找不到合适的电影文件，或者是因为你的硬盘在某些方面损坏了。这个观点也类似弗洛伊德对记忆的看法——在20世纪盛行的关于记忆的看法。

弗洛伊德在19世纪90年代就开始探索记忆了，并且提出了一个与电影库模型类似的对记忆的理解。这并不意味着弗洛伊德认为记忆永远都是准确的，他认识到，记忆是可以被丢失或扭曲的，他相信这些变化源自我们内心的欲望、恐惧以及冲突所造成的压力。弗洛伊德关于记忆最著名的理念是：痛苦或是充满威胁的记忆会被某种心理保护机制阻挡在我们的意识之外，但是这会让我们行为失去理性，并且经常都是以一种自我毁灭的方式表现出来。但是他也相信，所有事情的真相都被我们的潜意识记录在案，在丢失或扭曲之后，都仍然完整地存在于我们大脑中——梦境以及口误就足以证明它们的存在。

精神分析的关键就是，用梦境以及其他潜意识的证据来揭露真相，而这些真相能够让我们了解自己的行为，并且消除自我毁灭的倾向。如我之前所说的一样，很少有证据能够支持弗洛伊德的看法，但是，就在1991年底，心理学家伊丽莎白·洛夫特斯（Elizabeth Loftus）进行的一项调查中，大多数人，包括大多数心理学家，仍然保持着一个关于记忆的传统观点，也就是说，无论记忆是容易被唤起抑或是被压制的，被清除了抑或是随着时间的流逝而褪色了的，我们的记忆都是一个事件的影像记录仪。

如果回忆真的就像影片一样的话，那么它们是可以被遗忘的，或者，它们也可以逐渐褪色，但是，我们很难解释人们——比如珍妮和迪安——是如何能够拥有一份既生动明确同时又错误扭曲的记忆的。

最早意识到传统观点不能准确描述人类记忆运作方式的科学家之一便是德国心理学家雨果·蒙斯特伯格，他的领悟来源于一个伪证的案例——一个他自己的伪证。故事开始于他就读莱比锡大学的时候，聆听了威廉·冯特的一系列讲座——那是在1883年，也就是冯特创建了他著名的心理学实验室几年之后，冯特的讲座不仅仅打动了蒙斯特伯格——这些讲座改变了他的一生。

两年之后，蒙斯特伯格在冯特的生理心理学实验室中完成了他的博士学位。1891年，蒙斯特伯格被任命为弗莱堡大学的助理教授。同年，蒙斯特伯格在巴黎参加会议时，遇见了威廉·詹姆斯。詹姆斯一直非常钦佩蒙斯特伯格的工作，当时，詹姆斯是哈佛大学新心理学实验室的主管，但是他想放弃这个职位以便集中精力于哲学的研究。他成功说服了蒙斯特伯格横渡大西洋到哈佛大学做他的接班人，尽管蒙斯特伯格被他忽悠到美国的时候，连英语都还不会说。

让蒙斯特伯格对人类记忆产生兴趣的事件发生在他到达美国十多年之后。1907年，他与家人去海边度假的时候，他家被盗了。蒙斯特伯格立马赶回家检查房子失窃后的情形，随后，他被要求提供关于这个盗窃案的证词——也就是他在家里所发现的证据。他向法院提供了详细的叙述，包括他在二楼看见的蜡烛所滴下的烛泪的痕迹，以及被窃贼用纸包好以便运输却被遗忘在餐桌上的大壁炉钟，而且证据表明，窃贼是通过地下室的窗子潜入他家的。

蒙斯特伯格非常肯定地做出了以上的证词——因为作为一名科学家和心理学家，他被训练成了一名细心的观察者，而且他以自己优秀的记忆能力为傲——至少关于那些干巴巴的学术知识的记忆。"在过去的18年里，"蒙斯特伯格曾写道，"我给学生们讲了大约3000节讲座，而在这3000节讲座中，我没有使用任何的笔记或者任何放在讲台上的东西……记忆是如此慷慨地在为我服务。"但是，法庭证词不是大学讲座，他充满自信的证词，与迪安（前文中的"人肉录音机"，还记得吗）一样，充满着错误，这些错误让蒙斯特伯格自己都感觉惊慌。如果他的记忆可以误导他做出假证词，那么其他人肯定也存在着同样的问题。于是，他开始大量研读关于目击者的报告，以及一些早期的、关于记忆的开拓性研究。

为了更广泛地了解人类的记忆是如何运作的，蒙斯特伯格研究的一个案例是这样的：在柏林举行的一场关于犯罪学的讲座结束后，一名学生站起来大声挑战了这名杰出的演说家——弗兰兹·冯·李斯特（Franz von Liszt）教授（作曲家弗兰兹·李斯特的表弟），另一个学生则跳起来捍卫冯·李斯特。于是，学生们发生了争执。第一位学生拿出一把枪，而另一位学生则冲向了他，然后冯·李斯特加入这场混战。在一片混乱中，枪走火了，于是整个房间瞬间就变成了疯人院一样。突然，冯·李斯特大声叫喊试图维持秩序，他说这一切只是一个诡计，这两个愤怒的学生其实根本就不是学生，而是演员，这个争吵是一个伟大的实验的一部分，这么做的目的就是测试每个人的观察能力和记忆。

没有什么能够比假枪战更能让心理学课气氛活跃的了！事后，冯·李斯特把听众们分成了4组。一组听众被要求立即写下事情发生的经过，另一组听众则被反复盘问事件发生的过程，而其他两组则被要求在更晚一些时候写一篇关于这个事件的报告。为了量化报告的准确性，冯·李斯特将事件划分成14个部分，有的是关乎人们的行动，而有些则是关于人们说的话，然后，他记录下了听众的记忆所犯的错误。听众们的记忆错误率在26%到80%之间，他们将演员从来没有做过的行为归给了他们，而有一些重要的举动则被忽略了。听众们也为演员添加了一些他们从没有说过的台词，甚至为一些自始至终不曾开口说话的学生也添加了台词。

正如你想象的那样，这个事件受到了非常广泛的公众关注，李斯特教授引导上演的这场冲突很快就成为了德国心理学界的风向标。心理学家们经常在自己精心策划的冲突场景中扮演"左轮手枪"——引发冲突的源头这个角色。在一个类似的实验中，一名小丑冲进了一个拥挤的科学会议，随后追进来一名手持枪的男人。这个男人和小丑发生了争吵，然后他们扭打在一起，并在放了一枪之后，冲出房间——所有的事情都发生在短短的20秒之内。在科学会议的半途之中插入一名小丑并不是什么闻所未闻的新奇事情，虽然这些小丑很少会穿上小丑的服装（译者注：作者在讽刺有些科学家在激昂的争吵中表现得像小丑一样）。所以，尽管科学家们知道，这个事件的结束很有可能会伴随着一个测试，但是他们的报告依然是非常不准确的。

在这些观察者的报告中，他们对于小丑的服装，以及持枪男子头上的帽子描述都不一致。虽然在那个年代，戴帽子是一件非常常见的事情，但在实验中的那个持枪者却并没有戴帽子。蒙斯特伯格认为，没有任何人，能够完整保存生活中每一刻所经历的细节，记忆错误有着一个共同的源点——就是大脑填补我们不可避免的空缺时所发生的技术错误。

举个例子，在蒙斯特伯格自己的例子中，他曾无意中听到过警察之间的对话，他们谈到了窃贼可能是通过地下室的窗户闯进蒙斯特伯格家里的。于是，蒙斯特伯格不自觉地，将这条信息纳入了他关于犯罪现场的记忆中，但是，并没有证据能够证明"窃贼是由地下室窗户闯入"这个推测。警察们后来发现，他们最初的猜测是错误的，窃贼实际上从前门潜入了蒙斯特伯格家，并且移除了前门的锁以混淆视线。至于他很清楚地记得在二楼看见的烛泪痕迹，实际上却出现在阁楼上。

蒙斯特伯格在畅销书《站在证人席上：关于心理学以及罪行的论文》（*On the Witness Stand: Essays on Psychology and Crime*）中发表了他对记忆的看法。在这本书中，他详细阐述了一些关键的、有关记忆运作方式的概念，这些概念至今受到很多研究者的追捧。他认为：第一，人们对事件的大致情形具有良好的记忆，但是关于事件发生的细节却只有糟糕的记忆；第二，当人们被迫去回忆那些不记得的细节时，哪怕意图是无比真诚的，或者多么努力地去回忆准确的细节，往往都会在不经意间通过捏造事实来填补缺失的细节；第三，人们总是会相信他们自己捏造出的记忆。

雨果·蒙斯特伯格于1917年12月17日过世，正当他在拉德克里夫大学开讲座的时候，突发脑溢血猝死在讲台上，享年53岁。他关于记忆的观点，以及他将心理学运用到法律、教育以及商业的开创性工作让他一时风光无限，声名赫赫。蒙斯特伯格曾直言不讳地表达了他对潜意识的看法："所有我们可以告诉别人的，关于潜意识的故事就只有三个字：不存在。"实际上，当弗洛伊德于1909年访问波士顿并且在哈佛大学开设德语讲座时，蒙斯特伯格刻意用自己的缺席来表示对弗洛伊德的不屑。

真相似乎离他们的折中区间更近一些。弗洛伊德与蒙斯特伯格所提出的关于大脑以及记忆的理论都是非常重要的，不幸的是，他们没能对彼此造成影响：弗洛伊德比蒙斯特伯格更好地理解了潜意识的无限力量，但弗洛伊德却不认同潜意识动态的创造行为才是我们记忆缺失和失真出现的原因；蒙斯特伯格比弗洛伊德更好地理解了记忆缺失和失真的原因以及机制，但是却没有意识到——这个机制正好是由潜意识所操控的。

记忆达人的烦恼

那么，既然记忆系统会丢弃很多细节，它又是如何成功进化的呢？假如这些潜意识的扭曲被证实对我们祖先的生存确实造成影响，那么记忆系统甚至是人类这个种族，根本就不会有机会生存至今。虽然我们的记忆系统远远不足以冠上完美这样的形容词，但在大多数的情况下，却恰恰是进化所要求的——它已经足够好了。实际上，从宏观来讲，人类的记忆奇妙、有效而精准——足够让我们的祖先大体记住哪些是应该躲避的天敌，哪些是应该捕捉的食物，哪一条溪流有肥美的鲑鳟鱼，哪一条是回到营地最安全的路线。信息流以每秒大约11,000,000比特的速度轰炸般投向我们的大脑，以至于我们根本不可能处理所有的信息，所以，我们必须以舍弃完美的记忆能力为代价，来交换处理信息洪流的能力。

当我们在公园里为孩子举行生日派对的时候，短短的两个小时之内我们就会经历大量的视觉和听觉方面的信息。如果我们一视同仁把这些所有信息都填鸭般塞进记忆里，那么不用多时，我们的记忆仓库就会被各种各样的笑容、泛白的须鬓、孩子的尿布这样的记忆堆得没有空隙了。那么，记忆中真正重要的那些方面，就会被埋没在一团不相关的信息里（比如每个来参加派对的妈妈衬衫的颜色，每个父亲与别人的闲聊，每个在场孩子的哭喊声和兴奋的尖叫声，野餐桌上逐渐增加的蚂蚁数目）。我们所面临的挑战——也就是我们潜意识大脑成功挑起的重任，就是从记忆的存货中筛选出对我们真正有意义的部分。如果筛选不能够被成功完成，你会迷失在数据的垃圾场里，只见树木，不见森林。

实际上，有一个著名的长达30年的个案研究就诠释了未经筛选的记忆的缺点。这个研究是由俄罗斯心理学家A. R. 卢里亚（A. R. Luria）从1920年开始的，研究的对象是索罗门·舍雷舍夫斯基（Solomon Shereshevsky），一个声名赫赫的记忆术表演家。舍雷舍夫斯基似乎可以记得每一件发生在他身上的事情。有一次，卢里亚要求舍雷舍夫斯基回忆他们第一次会面时的情形，舍雷舍夫斯基记得他们是在卢里亚的公寓里，并且精确地描述了房间里家具的样子，以及卢里亚当时身上穿的衣服。然后，他没有任何错误地重述了当时——15年前卢里亚向他大声朗读，并要求他跟着重复的70个单词。

舍雷舍夫斯基毫无瑕疵的记忆也有它的负面效应——那些细节往往会阻碍他理解某件事情。举例来说，舍雷舍夫斯基很难通过脸庞来辨识人。对于大多数人来说，我们在记忆中储存的都是人脸的大致轮廓。于是，当我们遇见熟人的时候，我们将眼前所见的脸与储存在记忆中的这类轮廓进行匹配，从而识别出这个人。但是舍雷舍夫斯基的记忆中却储藏了每张他见过的脸的不同版本——对他来说，每当一张脸改变了表情，或者出现在不同的光照下，就是一张新的脸。于是，对于任何一个特定的人，他脑中都不仅仅只有一张匹配的脸，而是成打的不同表情，不同灯光之下的脸庞。当舍雷舍夫斯基遇到了他认识的某个人的时候，要将他眼前所见的脸与记忆中储存的脸匹配起来，就意味着他要在一个巨大的图像储存库里进行搜索，并且找到与他眼前所见完全一致的脸。

舍雷舍夫斯基对于语言也存在着类似的问题。当你和他说话的时候，虽然他能够一字不差地重复你讲过的话，但是他却不能理解你所想表达的意思。他理解语言与他辨识脸的问题如出一辙——这又是另一个树木和森林的问题。语言学专家们从语言中找到两种不同的结构——表层结构以及深层结构。表层结构指的是一个想法被表达出来的特定形式，比如说选择的用词，以及这些词语排列的顺序，而说话者试图表达的意思则是深层结构。我们大多数人可以保留住深层结构——来避免出现思维混乱，但是可以随意丢掉一些细节，也就是说，在很长一段时间内我们可以记住说过的话所包含的想法、意义，但对于表层结构——每一个词，记忆只能维持8到10秒的时间。

显然，舍雷舍夫斯基对表层结构的所有细节都有具体和长久的记忆，但是这些细节却阻碍了他去捕捉深层结构的含义。他记得一切不相关细节的能力，或者说，缺乏遗忘不相关细节的能力，对他后来的生活造成了莫大的干扰。他几次都会在纸上写满内容并把这些纸烧掉，他希望记忆会随着纸张在火焰里的逝灭，一一清除，但他希望的却从来没有出现过。

现在请念出以下这些单词，并且集中精力：**糖果，酸，白糖，苦，不错，味道，牙齿，好，蜂蜜，苏打水，巧克力，心，蛋糕，吃，派**。如果你因为缺乏耐心只读了前面几个词，或者认为被书上的指令控制读这些词看起来有点愚蠢，就跳过了后面那些单词的话，那么请重新思考一下——这很重要，请认真把这些词语读一遍，并认真研究它们半分钟。现在，遮住这些单词，并且在你读下一个段落的时候也请一直遮住这些单词。

如果你是舍雷舍夫斯基，你当然可以毫无阻碍地回忆起这个列表里的所有单词，但是很有可能，你的记忆与他的运作方式不一样。实际上，接下来我要让你们进行的这个小练习已经在过去的几年给很多人做过，而且结果总是一成不变的。它很简单：请辨认出以下的这三个单词里有哪些是在你们遮住的单词列表里的：**味道，点，甜**。并不一定只能选择一个单词。它们全部都是，或者任何一个也不是？现在请做出你的选择。你可以感觉到这个词看起来是你在列表中见过的吗？你对你的选择自信吗？除非你对这个单词非常确定，能回忆起它在列表某处的样子，否则不要随便选择。现在请确认你的答案，检查你的答案是否正确。

我们大多数人都能充满自信地回忆起"点"这个词不在列表中，而"味道"则曾经出现在列表中，但这个练习的关键点则是关于另外一个词的——"甜"。如果你记得见过这个词语，这就是对你记忆运作的诠释——你的记忆是根据你对这个列表中单词所包含的意义的回忆，而并不是真实的那个列表。"甜"这个单词并不在列表中，但是列表中的很多单词都在主题上与甜度这个概念相关。记忆研究者丹尼尔·沙克特（Daniel Schacter）曾记录下很多人进行这个测验的结果：绝大多数人认为"甜"是在之前的列表中的，虽然事实上它并不是。

大脑是如何伪造生成一份"记忆"的

我们大脑记忆的步骤与电脑储存图像的方法有着异曲同工的地方，当然记忆系统更加复杂，因为我们储存的数据时时在改变。在电脑系统中，为了节省存储空间，图像往往都是高度压缩的，也就是说，只有原图的一些关键特点会被保留，那么文件的大小就从兆字节被缩小到千字节。当我们阅览某张图像的时候，电脑根据压缩文件中的有限信息来预测原图看起来该是什么样子的。当我们看到由高度压缩的数据文档所合成的拇指指甲盖大小的图像时，它往往看起来都和原图非常相似，但是如果放大这张图像，或者仔细去看这张图片中的细节，我们就会发现很多的错误——被单一颜色填充的大块图案，也就是软件猜测出现错误的地方。

这就是珍妮·汤姆森与约翰·迪安是如何被现实愚弄的，这基本上也是蒙特斯伯格预想的记忆运作的过程：记住要点和主旨，填补残缺的细节，然后相信这样得到的结果。珍妮回想起了侵犯她的强奸犯脸部特征的"要点"，当辨认嫌疑人的时候，她看见了一个男人的长相恰好符合她所记住的大部分"参量"，她就用眼前所见的这张脸去填补记忆中强奸犯脸部的细节特征——因为她指望警察向她展示的这一系列人像是合理的（虽然结果是，真正的强奸犯并不在这些照片之中）。珍妮和迪安都不曾察觉到意识中自动生成的伪造，他们两个被反复要求重述事件时，又一次次加固了对这些伪造的细节的记忆——因为当我们被多次要求重建一份记忆的时候，我们每次都会加强这份记忆，以至于最后，我们记得的是记忆，而不是原本的事实了。

我们可以轻易在生活中找到这样的痕迹，比如你的大脑会把尴尬的感觉刻录进它的神经细胞里，当你把心爱的泰迪熊带到学校而被四年级男生取笑的时候，你的记忆中可能并不会存留泰迪熊的样子，那个男生的脸庞，或者是当你恼怒地将黄油花生三明治（或者它的夹心是熏肉和芝士，你还记得吗）忍无可忍扔到他身上时他的表情。但是多年后，你又因为某些原因想起了当时的情形，那些被你的潜意识所填满的细节可能会重新涌入你的心田。假如因为某些原因，你不得不一次又一次回顾当时发生的一切（可能是因为，当这些潜意识虚拟的细节变成了你童年逸事中一部分，而大家似乎很喜欢听到关于你有趣的事），那么你非常有可能会为这个事件重塑起难以磨灭的、生动清晰的画面，连你自己都会相信所有的细节准确无误。

你也许会惊讶：为什么自己从来没有注意到记忆曾经出现过错误呢？答案是，我们很少会把自己置于约翰·迪安所处的境地——有一份可以用来对比的、精确的记录。没有参照物，我们就没有理由要怀疑自己记忆中的细节，而那些把研究记忆作为职业的人，却可以向你提供充足的理由。举个例子来说，心理学家丹·西蒙斯（Dan Simons）是第一个对自己的记忆错误产生兴趣的科学家，他选择了他在2001年9·11事件中的经历。他关于那天的记忆似乎格外清晰，他在哈佛大学的实验室里，与三个恰好都叫史蒂夫的研究生一起。当听到了这条新闻之后，剩下的时间里他们都在一起看9·11事件的后续报道。然而，丹·西蒙斯的调查显示，这三个名为史蒂夫的学生中，只有一个当时在场——另外一个与朋友一起去办事了，第三个则在学校的某处进行演讲。就像蒙特斯伯格预料的一样，西蒙斯所回忆的是他根据过往经验预期会发生的场景，因为这三个学生经常都在实验室里——但这却不是真实发生的事情。

"伪记忆"和"伪信息"很容易就在我们脑海中挤出一块立足之地，它们的生成已经在3个月大的婴儿、大猩猩甚至是鸽子和鼠类身上得到了验证。作为人类，我们很容易被伪记忆所奴役。有时候，一个人仅仅是通过你向你的朋友倾诉一件不曾发生过的事，你就会获得一份伪记忆。一段时间过后，你可能就会"记得"这件事，但是却忘记了这份记忆的来源。结果是，这个人可能就会将想象出的事件与真实的过往混淆。

举个例子，那些去过迪斯尼乐园的实验对象被要求重复阅读和回想一个虚拟的迪斯尼乐园广告，这些广告的传单上印着这样充满吸引力的话："闭上眼睛想象一下，当你第一次看见兔八哥时会是什么样的感受……你的妈妈把你向它的方向推去，于是你和它握手，并且等待着一个好的时机与它合影。你并不急着和它合影，只是你看，你走得离它越近，它看起来就更高大了……你在电视里看到的它可没有那么大！你这样想着，这个念头让你激动无比——兔八哥，这个你平时只在电视上才能看到的偶像，现在就在你的几尺开外……你的心跳紧张激动得似乎都停滞了，赶忙将手心的汗擦干净才伸出手去与它握手……"在实验的后期，实验对象们在问卷调查中被问及关于迪斯尼乐园的记忆，超过四分之一的实验对象都报告在迪斯尼乐园遇见了兔八哥。

在这些实验对象中，62%的人记得与兔八哥握手，46%的人记得拥抱过兔八哥，还有一个实验对象甚至记得兔八哥手持着一个萝卜。可是，这样的相遇是不太可能的，因为兔八哥是华纳兄弟的专利，所以让迪斯尼乐园邀请兔八哥来为迪斯尼乐园巡游，就好像沙特阿拉伯的国王在举行逾越节晚宴（译者注：逾越节是犹太教的节日）一样。

在其他类似的实验中，人们被引导着去相信实验者为他们制造的"记忆"——曾经在一个商场里迷路，在游泳的时候得到一名救生员的帮助，从危险动物的攻击中存活下来，甚至是，曾经与死亡擦肩而过。他们也被说服相信曾经有过手指被捕鼠器夹住的经验，或者在一场婚礼上碰倒了一个大酒杯，或者曾经因为一场高烧而在医院里通宵打吊瓶。

孩子们可能会被诱导着相信自己曾经乘坐过热气球，但是用来介绍这段伪经验细节的却不是虚妄文字，而是从潜意识的存储库中过滤而来的、有血有肉的真实细节，用以填满伪经验的空架子。存储库中充满了孩子们所真实经历过的生理感知和心理体验，以及从这些经验中所萌生的期望与信念——多么丰富的一个素材库，足以用来拼构一段不曾经历过的热气球旅行了。

记忆为什么会变得不靠谱

尽管雨果·蒙特斯伯格率先跨入了关于储存和检索记忆研究的前沿阵地，但是他的成果却并未涉及另外一个重要的问题——我们的记忆是怎么随着时间而改变的？就在蒙特斯伯格写书的同一时间，另外一个先驱者，反抗弗洛伊德主流的实验科学家费德里克·巴特利特（Frederick Bartlett）研究了关于记忆的进化问题。就像蒙特斯伯格一样，巴特利特一开始不曾打算步入记忆的研究领域，他是沿着对人类学的兴趣顺藤摸瓜找到他的研究方向的。

巴特利特对文化变迁——具体来说，是在文化从一个人传承到另一个人，从一代人流向下一代时改变的方式——充满了好奇。他认为，这种过程肯定与人类个体的记忆进化有着相似之处。举个例子来说，你可能会记得你在一场残酷的高中篮球比赛中得了4分，但是几年过后，你可能会记得得分是14分，而你的妹妹可能会发誓你在那场比赛中穿的是海狸皮的服装，并装扮成了你们队的吉祥物。巴特利特研究了时间和对事件有着不同回忆的人们之间的社会互动是怎样影响关于这些事件的记忆的，他希望通过这些研究能够理解"群组记忆"，或者说文化，是如何发展的。

巴特利特认为关于文化和个人的记忆进化都与传话游戏相似。你大概可以回想起这个游戏的步骤——第一个人向下一个人小声说一两句话，然后这个人再向下一个人重复这句话，以此循环。最后，这句话重新回到第一个人的时候，我们会发现与最初说的那句话可能有天壤之别。巴特利特用这个传话游戏的运作模式来研究：故事从一个人的记忆库里传递到另外一个人的记忆中时是怎样进化的。

在他最有名的实验里，巴特利特给实验对象们读了一个美洲的本土传说，叫作"鬼魂的战争"（*The War of Ghosts*）。这个故事讲述了两个离开村庄去河里捕海豹的男孩，遇见了乘木舟的一行五个男人，他们要求这两个男孩陪同他们去袭击河流上游村庄里的一些人。其中一个男孩同意了，并且在战争中，他听见其中一个战士大喊——男孩不幸被枪击中了，但是这个男孩自己却没有任何感觉，他做出结论，这些战士们都是鬼魂。男孩回到他的村庄并告诉了村子里的人他的冒险故事。第二天，当太阳升起来的时候，他却一头倒在地上，再也没有醒过来。

讲完这个故事之后，巴特利特要求实验对象在15分钟之后复述这个故事，并在之后不规律的时间段里再次叙述这个故事，有时候甚至间隔几周或者是几个月。根据他的实验对象长期以来复述这个故事的方式，巴特利特注意到，记忆进化的一个重要的趋势——并不仅仅是有一些记忆流失，同时也有记忆的添加。实验对象们保留下了故事的大致含义，但是遗漏了一些细节，改变了另外一些细节，这个故事变得更加简短。随着时间的流逝，故事中那些超自然的元素渐渐被清除，而其他元素则被增添或者是重译。当没有办法理解的时候，人们似乎总是尝试要将这个奇怪的故事改编成一个更容易理解、形式更熟悉的样本。他们为这个故事提供了自己的结构，并让故事的情节更加连贯。

在很多年里，巴特利特的研究成果被遗忘了，但是巴特利特完成了一个照亮科学前路的光辉使命——他帮助训练出了整整一代的英国研究者，并且终于使实验心理学在科学上占据一席之地。今天，人们重新发现巴特利特的研究，并且在现代技术手段的辅助下再次复制了他之前的实验。就在航天飞船"挑战者号"爆炸后的那个早晨，乌瑞克·奈塞尔询问了埃默里大学的一组学生，他们第一次听到这个消息的时候是什么情形，所有被询问的学生都写下了清晰的记录。大约三年之后，他让44个依然在校的学生再次回忆了当时的经历。在所有的这些回忆记录里，没有一份与当年写的完全吻合，大约四分之一的学生写下的是完全错误的。这个事件在他们的回忆里变得更像是一个戏剧故事，就像巴特利特所预计的那样。

举个例子来说，一个学生是在餐厅与朋友聊天的时候听到这个新闻的，但在他后来的记忆里却变成了"一些女生疾步穿过走廊尖叫着'宇宙飞船刚刚爆炸啦！'"，而另外一个学生是在他的宗教课堂上从几个同班同学那里听到的消息，后来记忆变成了"我在寝室房间里与我的室友一起看电视，这个消息突然出现在了下方的滚动新闻里，我们震惊得完全说不出话了"。比这些记忆扭曲更具戏剧性的是学生们对他们原本记录的反应，很多学生都坚持后来回忆的这份记录才是更为准确的。他们很不情愿接受自己最初对这个事件的介绍，尽管这些记录都是他们手写的。一个学生说道："是的，这是我的笔迹——但我记得这个事情完全是以另外一个方式发生的！"那么我们是不是常常犯错，但却固执己见、毫不怀疑呢？

有一点非常关键：当一张图片里有多个物体时，你的眼睛会在不同的物体之间不停移动扫视着。比如说，如果图片上是两个人围坐在一张桌子上，桌子上有一个花瓶，你可能会先看向一个人的脸，然后看那个花瓶，接着看另外一个人的脸，然后再次看向那个花瓶，而这一切都发生在迅速的、接连的次序中。回想一下上一章我们提到的一个实验：当你面向镜子站立目光转移的时候，视野中会间歇出现一些看不清晰的空白。

这些研究者们发现：在实验对象的眼睛移动的短短一刹那间，如果将图像稍微改动一下的话，实验对象不一定能发现图像发生了变化。这个实验具体是这样操作的：最开始每个实验对象都凝视电脑屏幕上最初的图像，实验对象的目光会从图像中的一个物体移向另一个物体，像吸尘器一样，图像中不同的部分都被卷入注意力里。过了一会儿，就在实验对象频繁的目光转移之间，将电脑上正在显示的图片替换成一幅稍稍改变过的图片。举个例子来说，图片中两个男人所戴的帽子被互换了。大多数的实验对象都没有注意到这个改变，实际上，就连将图像中两个男人互换了头部的时候，都只有不到一半的实验对象注意到这个改变！

那么，细节到底要有多重要才足以被记入我们的记忆里？这是一个有趣的、值得我们去深究的问题。丹·西蒙斯和他的伙伴——心理学家丹尼尔·雷文（Daniel Levin）为了研究这种记忆的缺漏是否同样发生在其他情况下，制作了一个描述简单事件的短片，他们招募了60名愿意看一段短片来换取糖果的康奈尔大学的学生。在一个典型的短片里，正如上面提供的样本截图一样，一个人坐在书桌旁边听见电话铃响，于是她站起来走向门口，然后镜头转换到了走廊上，一个不同的演员走向电话并接听了电话。这个改变并不是特别的大——并没有

图由丹·西蒙斯提供。

把布拉德·皮特换成梅丽尔·斯特里普（《穿普拉达的女王》中女魔头的扮演者）那么戏剧性，但短片中的那两个演员也不是那么难区分的。那么，实验对象们会留意到这个改变吗？

在看过这个小电影之后，学生们被要求写一段关于它的简短描述。如果他们在描述中并没有提到中途换了一个演员的话，那么就会被直接问及："你是否注意到坐在桌子前的演员与在走廊里接电话的演员是两个不同的人？"大约三分之二的学生承认他们并没有注意到这个改变。当然，学生们都注意到每个镜头里演员的存在，以及她的动作，却没有留意关于演员身份的细节。受这个令人惊讶的发现所鼓舞，研究者们决定采取更进一步的动作，他们接着测验了这个叫作"变化盲视"的现象是否也在现实生活中发生。这一次，他们将实验放在了室外——在康奈尔大学的校园里。

一个研究者（图左）手持一份学校的地图接近一名行人，并且向行人询问附近一栋楼的方位。在这名实验者与行人交谈了10到15秒之后，两个扛着一块大木门板的男人粗鲁地从他们中间穿过，就在门板

图由丹·西蒙斯提供。

穿过的瞬间，行人的视线被短短挡住一秒，另外一名研究者手持一份相似的地图向行人继续询问路线，而原先的那名研究者则在门板后面走开了。这名替代的研究者比原先那一位要矮两英尺，并穿着一件不一样的衣服，与原先那名研究者相比也有着不同的嗓音。但是，大多数的行人依然没有注意到这个改变，而且当被告知向他们问路的人已经改变了的时候，他们感到非常惊讶。

拯救沉没的记忆

当我们开始回想某段经历的时候，潜意识从这些零碎的数据入手，并构制填补存在空缺的地方。当它完成这份工作之后，将这份华丽的记忆拱手送到意识的手里，而意识则把这份记忆当作一份关于真实事件的、生动且准确的记录，于是我们认为自己记住了某些细节——但这些细节都是潜意识重建出的细节。所以，我们通过回忆来追溯的细节仅仅是一份对真实发生事件的大概记录——近似的，而非忠实的记录。

那么，回顾一下你过往的生活，你记得什么？当我回顾过往的一切时，很容易就会觉得我们的记忆不够——远远不够——比如当我回忆起我的父亲。他在20年前就过世了，关于他的记忆在哀思中持续，却仅仅维系于那些仅存的微薄的碎片——在他中风后与他一起散步，那是他第一次需要拐杖的帮助行走；当我偶尔回家看他的时候，他那熠熠生辉的眼睛和温暖的笑容。关于更早的那些岁月，我所记得的就更少了。我记得，当他还是一个年轻父亲的时候，我们购买了新的雪佛兰车，他如同蒸汽机白色的水汽一样，整个人都散发着喜气洋洋的快乐；当我把他的香烟全部扔掉的时候，他是何等生气；当我沿着时间的轨轴追寻我童年时期最早的那些记忆时，我发现能记住的就更是少得可怜了，而这些记忆也更像是对焦失败的快照一样模糊不堪——我能想起来的，是父亲拥抱我的场景，或者母亲将我抱在怀里，一边轻轻哼唱着童谣一边抚摸着我的头发。

我知道，当我一如既往，用拥抱与亲吻去鼓励我的孩子们，用这些充满了我爱意的行为陪伴他们长大时，这些场景的大多数却不会留在他们的记忆里。他们会忘记——而且是因为很好的理由忘记。我也不希望他们像舍雷舍夫斯基一样拥有一段"不曾遗忘"的人生，但是我的拥抱和亲吻并非就此消失无踪了，它们仍然存留着，至少作为一种温暖的亲情以及情感的纽带而存在着。我知道，我的脑海中关于父母的那些记忆远远超过我的意识能回忆起的具体细节——那些漂浮在记忆海洋的一帆帆过往事件的小船,是无法载动如此深沉、细微的历历过往的。

　　我希望对于我的孩子们来说,关于我的记忆亦是如此。我们生活中的某些时刻可能会被永远遗忘,或者透过时间和记忆的模糊镜头被扭曲,但却总有一些关于它们的东西依然存活在我们的脑海之中,如润物无声的春雨一样,轻轻潜入了我们的潜意识。在那里,它们向我们传授了一系列丰富的感情——当我们想起心中最亲密的那些人时,它们就像是温泉底摇曳升起的泡泡一样,暖暖地浮出水面。当然,不止是对于我们最亲近的人,甚至是当我们想起成百上千的、那些我们在人海中短暂相遇的人时,当我们想起那些曾经生活或旅游过的、普通的或是充满异国情调的地方,当我们想起那些塑造以及成就了现在的我们的那些事件。虽然这种传授并非完美,我们的大脑仍然能够设法从生活体验中,通过潜意识与意识的沟通,绘出一幅连贯的蓝图。

　　关于记忆系统所教给我们的这一课就是,我们必须对生命的神奇保持谦虚和感激,因为我们对任何一个特定的记忆所涵盖的细节都很可能是错误的——潜意识太习惯要狸猫换太子的把戏了;但是同时我们也要充满感激——对潜意识为我们所保存下的记忆,以及它曾无功而忙碌地保存下所有的记忆这个事实——有意识的记忆以及知觉通过对潜意识的强烈依赖而完成了它们的奇迹。在后面的章节中,我们将看到,这一双重系统在那些我们认为最重要的事情上影响何其重要——它影响了我们在这个复杂的人类社会中生活、行动,以及发挥作用的方方面面。

THE IMPORTANCE OF BEING SOCIAL

第4章

社交中的潜意识

我们不清楚生命这段短暂的旅途意义何在，然而，从日常生活的角度看，能够确定的是：我们是为了其他人而存在。

——阿尔伯特·爱因斯坦

有一天我工作到很晚，心怀沮丧又饥肠辘辘地回到了母亲的家里。我回去的时候她刚好快吃完晚饭，正捧着一大杯热水看新闻。母亲问我今天过得怎么样，我回答"挺不错的"。她抬起眼看着我，片刻后说道："你今天过得不愉快，发生什么事了？要不要来点儿烤肉？"母亲已经88岁了，有着严重的听力障碍，右眼几乎快失明了（右眼是她双眼中情况比较好的那一只），但是，她却能像阅读书刊一样流畅地感受到我的情绪——是的，那天让我沮丧的是共事多年的伙伴——物理学家史蒂芬·霍金。他与运动神经元疾病长达45年的抗争并没能给他带来胜利的曙光，他几乎完全不能动弹，只能痛苦地通过右眼下脸颊肌肉的抽搐进行交流。位于他眼镜上的传感器会检测到这个抽搐，并且把信号传送回轮椅上的计算机。用这种方式，霍金能够借助一些特殊的软件，让他从一个屏幕上选择字母及单词并最终表达出他的意愿。在那些感觉愉悦的日子里，他觉得就好像在玩游戏一样——而游戏的奖品就是他能够自由表达自己的想法；而在那些糟糕的时刻，他感觉就好像是在编写摩尔斯电码一样——而且必须仔细监测每个字母之间的点与线的序列。

那天恰好就是这样一个糟糕的日子，我们的工作令人沮丧——对于我们双方都是。虽然他无法生成语言来表达关于宇宙波函数的想法，但我依然可以轻松感觉到他的注意力已经从宇宙转移到结束对话去大吃一顿。我知道他什么时候感到满足，什么时候感觉疲惫，什么时候感觉兴奋，什么时候不开心——只需要从他的眼神中，我就可以察觉到他情绪的变化。虽然语言很方便，但是我们人类拥有超越文字的社会以及情感关系——即使是在潜意识层面也能被察觉和理解。

这种与他人心有灵犀的体验似乎从我们的生命早期就开始了。关于婴儿的研究显示，即使是6个月大的婴儿也能凭借观察到的社会行为做出判断。在一个实验中，婴儿观察了一个"登山者"——这并不是一个真正的人，而是一个木质的圆盘，被粘上手绘的"大眼睛"而已。这个"登山者"从山脚下开始攀登，多次尝试却未能到达山顶。过了一会儿，一个"辅助者"——也就是被粘上"眼睛"的三角形木块，从斜坡下端出现并且向上推动"登山者"，从而帮助他爬到山顶。有时也会出现一个正方形的"阻碍者"，从斜坡的上端出现并且将圆盘的"登山者"推下山去。

研究者们想知道，作为与"登山者"无关的旁观者，婴儿是否会对"阻碍者"产生负面的态度。一个6个月大的婴儿要怎样表示对一块木头的反感呢？很简单，与6岁的孩子表达对社会不满一样——拒绝与它一起玩耍。也就是说，当研究者们给婴儿一个机会可以伸出手去触摸这些木块的时候，婴儿表现出了"一边倒"的倾向——相比"辅助者"三角形，他们不愿伸手去触摸"阻碍者"正方形。

　　研究者们替换了实验中所出现的角色并多次重复了这个实验，他们设定实验中将只出现"辅助者"及没有做出任何举动的"旁观者"，或者是只出现"阻碍者"以及"旁观者"。他们发现，当婴儿在"辅助者"以及"旁观者"之间做出选择时，他们总是偏爱与友好的三角形玩耍，而不是中立的木块；而对"阻碍者"以及"旁观者"做出选择时，婴儿总是选择和中立的木块玩耍，而不是讨厌的"阻碍者"方块。在自然界中，松鼠并不会成立公益协会来帮助治疗狂犬病，蛇也不会帮助陌生的同类穿过马路，但是人类——这种奇怪的生物，却对"慷慨仁慈"这种品质赋予了很高的价值。科学家们甚至发现，当我们做出相互合作的行为时，大脑中负责奖励处理的那一部分显示了高度的活跃，所以，对人友善也可能成为我们对自己的奖励。早在能够用言语表达好恶之前，我们就已经学会了弃恶扬善。

　　从属于一个有凝聚力、人人互助的社会是有其生存优势的。一个好处就是，当面临外界威胁时，团体的应对往往比个人更加完善。每个人都知道人多力量大的道理，数字是具有力量的——它代表的是汇聚起来的能力。于是，直觉驱使我们去陪伴他人，尤其是在他们焦虑或者需要帮助的时候。正如帕特里克·亨利（Patrick Henry）的名言一样，"团结则存，分裂则亡"（讽刺的是，在说出这句名言后不久，亨利就晕死过去并跌入了旁观者的怀里）。

　　让我们来回顾一个20世纪50年代的实验。30名互不相识的明尼苏达大学的女学生被带到一个房间里，她们被告知，在实验期间彼此不能进行交流。在这个房间里，有一个"戴着黑框眼镜、身穿白色实验大褂的绅士，他表情严肃，衣服口袋里露出听诊器的一端，而他的身后排列着让人感到可怕的医疗器械"。为了制造焦虑，他称自己是"医学院神经病学和精神病学部门的格雷戈尔·泽尔斯坦博士"。实际上，他是斯坦利·沙克特（Stanley Schachter），一个友善的社会心理学教授。沙克特告诉这些学生，他会向她们施加电压，并且研究她们的反应，他这样说道：

> ……这些电击会让你们感觉到疼痛……但是保持强烈的电击在这个实验中是必要的……我们会将你们连上一些设施，就像这个一样（示意他身后看起来很可怕的仪器），并且向你们施加一系列的电击，同时测量你的不同生理指标，比如脉搏、血压等等……

沙克特告诉学生们，他需要她们离开这个房间10分钟，他会去取更多实验需要的器材，然后做好实验的准备。在这个实验室的旁边有很多空房间，她们可以选择一个人待在空房间里，或者与其他实验对象们在同一个房间里一起等候。

沙克特在不同的组群中重复了这个实验。在其中的一个实验中，他的目的是向学生们制造一种放松的假象。因此，他并没有提到可怕强烈的电击，他说的是：

> 等会儿你们每个人做的事情非常简单。我们给你们一系列非常轻微的电击。我向你保证，这些电击在你们身上所产生的感觉绝对不会是疼痛的，它更像是挠痒或是小虫轻叮的感觉……

然后，他给这些学生同样的等待选择——单独等待或者与他人一起等待。实际上，这个选择正是该实验的关键所在，对于任何一组实验对象来说，在这段等待之后，她们都不需要面临所谓的电击实验。

这个"骗局"的关键是，沙克特想要知道，预期自己将会接受疼痛电击的那组实验对象，与不持有该预期的实验组成员相比，是否会更倾向于寻求他人的陪伴。结果显示，在那些以为自己将接受强烈电击而感到焦虑的学生中，63%的学生选择与他人一起等待；而在那些预期自己将接受恶作剧般的轻微电击的学生中，只有33%的人表现了与他人一起等待的偏好。在这个实验中，学生们本能地组织起了自己的"互助会"——这是一种天然的本能。

举个例子来说，我对洛杉矶地区的互助会进行了简单的网页搜索，搜索引擎为我显示了以下的关注群：药物滥用行为、痤疮、阿德拉成瘾、药物成瘾、多动症、收养、广场恐惧症、酗酒、白化病、老年痴呆症、安眠药使用者、截肢、贫血、愤怒管理、厌食症、焦虑症、关节炎、阿斯伯格综合征、哮喘、安定成瘾以及自闭症——而我以上列举的仅仅是所有互助会中名字拼写以字母"A"开头的。加入互助会这个行为反映了人类与他人产生联系的需求，以及我们对支持、认可和友谊的本能渴望。

社会联系是我们人类体验中最基础的一个特征——当失去它的时候，我们将会倍感煎熬，在很多的语言中都有类似于"伤心"这种将社会排斥与物理伤害对身体所造成的疼痛作类比的例子。这些词并非只是隐喻，脑成像研究表明，我们的物理疼痛有两个组成部分——不愉快的情绪感觉，以及感官疼痛的感觉，它们分别与不同的大脑结构相关。科学家发现，社会疼痛（social pain，是个体感觉到被自己所渴望的社会关系排斥，或者被自己渴望与之建立社会关系的同伴或群体贬损时，出现的一种特定的情绪性反应）与一个被称为前扣带皮层（anterior cingulate cortex）的大脑结构相关——也是这个结构，掌管了物理疼痛中负责情绪的部分。

有趣的是，我们脚趾上传来的疼痛与受到冷落的情绪在大脑中同享一片空间。相差如此之远的感官或情感经验在大脑中居然是一对"室友"，这个事实激发了科学家们一些看似疯狂的想法：针对物理疼痛的镇痛剂是否也能降低社会疼痛？为了寻找答案，研究人员招募了25位健康的志愿者，他们被要求在连续三周的时间内，每天服用两片药丸。其中一半的志愿者服用了泰诺林（对乙酰氨基酚片），而另一半志愿者则服用了安慰剂药丸（在科学实验中，该药丸并没有任何治疗效果，目的是让实验对象相信，自己得到了某种治疗，而研究者通过对比接受真正药物以及接受安慰剂的实验对象的情况，就可以知道真正的药物是否具有预想的效果）。

在实验的最后一天，研究人员邀请志愿者们到他们的实验室去玩一场虚拟的投球游戏。他们被告知，自己正在与另外一个房间中的其他两人一起玩游戏，但实际上，他们的队友却是一台计算机——而这台计算机与受试者的互动方式也是被精心设计好的。在游戏的第一轮中，那些所谓的队友们与受试者合作良好，但在第二轮游戏中，这些"队友们"向受试者传了几次球后，粗鲁地将受试者从这场游戏中排挤出去。在游戏之后，受试者们被要求填写一份旨在衡量社会疼痛的调查表格，相比那些服用安慰剂的同伴，服用泰诺林的志愿者们表现出更少的挫败感。

这个实验还有一个关键点：这些受试者是躺在核磁共振机里玩虚拟投球游戏的。所以，当他们被"队友"冷落的时候，他们的大脑被扫描了下来。结果表明，服用了泰诺林的志愿者在掌管社会排斥的大脑区域中显示了较低的活动——也就是说，泰诺林，似乎确实降低了对社会排斥现象所产生的神经反应。

很久以前，当澳大利亚的三人兄弟乐队比吉斯（Bee Gees）唱《你要如何修补破碎的心》（*How Can You Mend A Broken Heart*，又名《碎心难圆》，是这个乐队的成名曲之一，在20世纪60年代到80年代间红极一时，后来还被用作电影《诺丁山》的插曲）的时候，他们可能没有预料到，答案居然是——两片泰诺林。

泰诺林能够帮助减轻感情上的伤痛这个事实听起来真的很牵强，于是，为了证实泰诺林在实验室之外——也就是在现实生活中是否对社会排斥产生的消极情绪有一样的效果，大脑研究者们进行了临床实验。他们让60名志愿者每天填写一份关于"受伤情绪"的调查问卷——这是一个标准的心理工具，在为期三周的时间里，精准地反映了志愿者的心理情绪变化。与之前的实验一样，一半的志愿者每天都服用两次泰诺林，而另一半实验志愿者服用的则是安慰药剂。结果如何呢？从调查报告的结果显示，服用泰诺林的志愿者们相比服用安慰剂的志愿者确实减少了在此期间所经历的社会疼痛。

社会疼痛与身体疼痛之间的关联说明了我们的情绪与生理活动之间的联系。社会排斥不仅仅导致了情绪上的痛苦，同时也影响着我们的生理活动。事实上，社会关系对人类是如此之重要，以至于缺乏社会联系成了威胁我们健康的一个主要因素——它的危害性甚至可以与吸烟、高血压、肥胖以及缺乏锻炼相提并论。在一项研究中，研究者们调查了旧金山附近阿拉米达县的4775名成年人。受试者们完成了一项关于社会纽带（婚姻、亲友以及群体关系）的问卷调查。通过分析计算，每个受试者的答案都被翻译成了一个"社交网络指数"（social network index）。

较高的数值表明受试者拥有很多联系人以及密切的社会联系，而较低的分数则代表着相对的社会隔离。然后，研究者们在接下来的9年时间里追踪调查了这些受试者们的健康状况。因为受试者们有着不同的生活以及社会背景，科学家们排除了一些危害健康因素的影响，例如吸烟以及前文中提到的其他方面。科学家们也排除了社会经济地位以及生活满意度等因素的影响，他们发现了一个惊人的结果——在9年时间里，在其他方面因素相等的情况下，那些在社交网络指数上评分较低的受试者死亡率是高分受试者的两倍。

很明显，对于人寿保险公司来说，不合群者无疑是一笔坏账。

提升你的社交智商

一些科学家认为，对社会互动的需求即是人类更高级进化背后的驱动力。社会合作与社会需要在我们的生存里扮演了至关重要的角色，其他灵长类动物也一样表现出了社交智能——虽然远远不及人类所能做到的程度。这些灵长类动物也许比我们更强壮，更敏捷，但是人类拥有更卓越的团结协作以及协调复杂活动的能力。那么，是否智商越高社交水平就越高？不断进化的社交能力是否会提升我们的智力？科学以及文学，是否只是这种发展过程中出现的副产品呢？

很久很久以前，与他人共进一顿大餐所包含的活动也许比"请把芥末递给我"更复杂一些——为了准备这顿晚餐，人们需要去捉鱼。而在大约五万年前，人类很难做到这些，也无法享用大自然"供应"

的其他动物食物，因为捕捉动物对于当时的人来说还很难。但是突然间（至少在进化的时间尺度上），人类改变了他们的行为。

根据科学家们在欧洲发掘的证据，在短短的几千年里，人们开始捕捉鱼类、鸟类以及其他危险却美味营养的大型动物。在大约同一时间段内，他们也开始建筑结构体作为住房，并且创造了象征主义的艺术品以及复杂的墓葬。突然间，他们就知道如何联合起来对付毛茸茸的猛犸象，并且参与了我们现在称为文化基础的仪式以及典礼。在这段短暂的时间内，关于人类活动的考古记录比之前数百万年发生了更多的变化——突然间便展现出了文化、意识形态的复杂性以及合作性的社会结构。而人体解剖学却无法解释这些现象，因为没有任何证据表明，人类的大脑里产生了某个软件升级一般的基因突变，赋予了我们社会性行为以及天赐般的物种生存优势。

当提到人类与猫、狗甚至猴之间的区别时，我们通常想到的是智商，但是，如果智力真的是为社交目的的进化而来的，那它应该被称为社交智商——而这种社交智商，正是将人类与动物划分为不同生物的主要特质之一。具体来说，让人类在动物界中变得独特的是我们的愿望——想要去了解他人想法及感受的愿望，以及我们执行这个愿望的能力，这个理论被称作"心理理论"（Theory of Mind，简称ToM）。这种能力赋予了人类非凡的力量——去理解别人过往的行为举止，并且在现有或未来情况中预测他们会做出的举动。虽然在"心理理论"中存在着有意识的、逻辑推断的部分，但是，在我们"理论化"别人的想法以及感受时，这个步骤却是在潜意识中发生的。

举一个例子来说，当你看到一个人向着一辆即将离站的公交车努力奔去，却没能赶上公交车时，你不需要任何思考就知道她肯定很沮丧，而且有可能因为自己没能赶上公交车而生气；而当你看到一个女人向一块巧克力蛋糕伸出叉子，却又突然收回的时候，你就会想到，她或许是在为自己的体重而担心。我们自动推断他人心理状态的倾向是如此强大，不仅在人类身上运用这种推断，甚至在动物身上也做出同样的推断。正如前文的实验显示，就算是6个月大的婴儿，也会对没有生命的几何形状木盘做出同样的推断。

"心理理论"在人类这个物种中的重要性是难以估量的。我们总是认为，社会运作的方式是理所当然的，但是，许多我们日常生活中的活动之所以存在，全都是因为集体努力——大规模的人类合作。在当今社会里，即使是你每天开车上班时停靠快餐店买的咖啡和面包圈，也都是来自全世界人们的工作成果——种植小麦的农民来自某一个州，焙烤糕点的面包师则很有可能来自另一个州，而养奶牛的畜牧工亦是如此；咖啡种植园的工人有可能在另一个国家，而烘焙机也许是在离你更近的国家生产的；卡车司机和商船海员们将所有的原材料聚在了一起，也将所有生产烤箱、拖拉机、卡车、船舶、肥料以及其他制作咖啡以及面包圈所需的设备和材料的世界人民聚合在了一起。是"心理理论"使我们能够形成大型复杂的社会体系——从农业社区到大型贸易公司——而在此之上，我们才能筑起现在所看到的这个世界。

科学家们仍在争论，非人灵长类动物是否也在它们的社会活动中使用"心理理论"，但是，即使它们能够这样做，似乎也只是很基础地运用，人类是唯一在人际关系以及社会结构上对每个个体的"心理理论"都有着极高要求的物种。如果将纯智力（以及灵活性）弃之一边不去考虑的话，这也就是为什么鱼不能建造船只，猴子不会摆水果摊进行交易的原因——而在进化之旅中，我们却赢得了这样的荣誉，这也就是人类区别于其他物种的地方。

测量"心理理论"的一个标准被称作"意向性"（intentionality）。一个能够自省的生物——也就是说，能够明白自己的心态、信仰以及欲念，就好像我知道自己想吃母亲做的烤肉一样，被称作"一阶意向"（first-order intentionality）。大多数哺乳动物适应这一分类，但是，了解自己与了解他人所需的技能远远不同。一个具有"二阶意向"（second-order intentionality）的生物能够对自己以及其他生物的心态都产生某些推断或信念，就比如我认为儿子想吃我盘里的烤肉。二阶意向性被定义为"心理理论"中最低阶的基础，而且所有健康的人类都拥有它。

如果你拥有"三阶意向"（third-order intentionality）的话，你甚至可以更进一步，去推理某个人对另外一个人想法的猜测，就好像"我猜想，我妈认为我儿子想要吃她盘子里的烤肉"一样。你甚至还可以更进一步，比如"我认为，我的朋友桑迪觉得，我女儿奥利维亚认为他儿子约翰尼觉得她很可爱"，或者是"我相信我的老板鲁思知道，我们的首席财务官理查德认为我的同事约翰并不觉得理查德的预算和收入预测是可信的"。当你做出这些推测的时候，你就正在运用"四阶意向"（fourth-order intentionality）。四阶意向的思维在表述上已经是非常复杂的句子了，但是，只要你仔细思考一下这些句子一分钟，就会发现，其实你经常运用这种思维。

当我们进行文学创作的时候，四阶意向是必不可少的，因为作家们必须根据自己的四阶意向经验做出判断，比如说"我认为这一场景中所留下的线索对于读者来说会是一个很好的信号，让他们感觉到，贺拉斯认为玛丽打算抛弃他"。四阶意向对于政治家以及商界人士也是必不可少的——假如没有这个技能，他们的计策很快就会因为不切实际而失利。

　　我认识一家电脑游戏公司的新总监——让我们在这里称她为爱丽丝好了，爱丽丝用她高度发达的"心理理论"从一个棘手的情况中脱困。爱丽丝认为一个与她雇主公司签有长期合约，向他们提供编程服务的外部公司有财务违规行为，但是爱丽丝并没有证据，而且这家公司有一份难寻疏漏的长期合同。如果说要提前终止与这个公司的合同的话，爱丽丝的雇主公司需要支付50万美元的赔偿金，但是爱丽丝知道，鲍勃（也就是外部公司的首席执行官）了解她是新官上任，很害怕刚上任就做出不妥的决定——这是一个三阶意向。同时，爱丽丝明白，鲍勃很清楚，她知道鲍勃不怕产生冲突——这是爱丽丝的四阶意向思维。

　　了解到这一点，爱丽丝深思熟虑后，制订了一个策略——她虚张声势地表示已经掌握了该公司不当行为的证据，并以此强迫鲍勃自己终止合同。鲍勃会如何反应呢？她通过自己的"心理理论"，站在鲍勃的观点上对情况进行了分析。鲍勃认为她是一个没有十足把握不会冒险的新官，虽然她清楚自己是一个勇于接受挑战的战士。那么，这样的一个人是否会认为爱丽丝不会将她的威胁付诸于行动，从而提出一个庞大数字的赔偿要求呢？鲍勃一定不是这样认为的，因为他会选择终止合同，并且只让爱丽丝的公司赔偿一部分违约金。

　　关于非人灵长类动物的证据表明，它们的思维似乎介于一阶意向以及二阶意向之间。黑猩猩也许会想"我想要一个香蕉"，甚至是"我相信乔治想要我的香蕉"，但还不至于能够想到"我相信乔治知道我想要他的香蕉"。人类，则很普遍运用着三阶和四阶意向，并且被认为能够运用六阶意向思维——尤其是当他们的名字叫作马基雅维利（Machiavelli，文艺复兴时期著名的历史学家、外交家、哲学家以及作家，是现代政治科学的创始人）时。

假如说，是"心理理论"让社会联系变得可能，而且它的运行需要非凡的大脑能力，那么，这或许可以解释科学家们发现的一个奇怪的关联——在哺乳动物中，大脑的体积与社会群体的大小是相关的。准确来说，是这个物种新皮质的大小——新皮质是大脑在进化的漫途中，最晚进化出的产物（当然，这只是相对于进化史的时间来说，对于我们来说，这个时间依然是难以想象的久远）。在哺乳类动物中，新皮质的体积所占整个大脑的百分比，似乎与该物种所生活的社会群组的大小密切相关。大猩猩所生活的群组由不足10个成员组成，而蜘蛛猴的群组有接近20名成员的规模，猕猴则生活在约有40名成员组成的团体中——这些数字准确地反映了这些物种新皮质与整个大脑体积的比例。

假如说，我们使用数学公式来描述非人灵长类动物组群大小以及新皮质的相对大小之间的关系，那么用这个公式来预测人类社会中社交网络的大小，是否能够成功呢？也就是说，新皮质相对整个大脑体积的比率是否也可以用来推算我们的人际交往呢？要想回答这个问题，我们首先必须想一个方法来定义人类社会中的组群大小。

在非人灵长类动物中，组群规模通常都是由我们称为"美容圈子"（"美容"指的是互相梳理毛发等行为）的数量来定义的。这个小圈子就好像是我们的孩子们在学校自发形成的小团体一样，或者是成年人组成的，以便了解孩子情况的家庭—教师同盟一样。在灵长类动物中，一个小圈子内的成员们经常会互相为对方清洁，通过梳理、抓痒以及按摩的方式为彼此清除污垢、死皮并且帮助对方捉虱子蚊虫。每一只动物都有着自己的一套标准——它们为谁梳毛，而谁又为它们梳毛，因为这些同伴可以作为它们的同盟，帮助它们减少从其他同类那里受到骚扰的几率。

在人类物种中，族群的规模就更难以任何精确的方式来进行定义了，因为人类通过不同类型的组别与彼此紧密相连——尽管是通过不同大小的组群，对彼此有着不同层次的相互了解，并产生不同程度的喜欢。在衡量某个人所属的组群大小时，我们必须要谨慎，不要疏漏了例如电子邮件联系人这些研究者很难了解到的组员。最终，科学家们不得不去研究那些从认知方面似乎等同于非人灵长类的"美容集团"的群体——比如澳大利亚的土著部落，为彼此整理头发的女性布西曼族人（一个位于非洲西南部卡拉哈里沙漠地区的土著民族），或是人们在圣诞节时互赠节日卡片的那个小团体。总的来说，人类群体的大小约为150人——恰好是我们新皮质大小模型所预测的数字。

那么，为什么新皮质的相对大小会与社会组群的大小有着关联呢？当我们想到人的社交圈时，我们知道，这个圈子是由亲戚、朋友以及同事组成。想要让一个社交圈保持它的意义的话，它的成员就不能多到你的认知能力无法处理的程度——也就是说，群体的大小必须控制在你的认知能力范围之内，否则就无法记住谁是谁，他们分别又想要什么，他们之间是什么样的关系，而谁又可以在需要帮助时被信任，等等。

为了探讨人类之间的关联到底有多么的紧密，在20世纪60年代，心理学家斯坦利·米尔格拉姆（Stanley Milgram）在内布拉斯加州和波士顿随机选择了300名志愿者，并且要求他们写一封"连锁信"（收信人需要将信件寄给多个人，并要求他们将信件复制后寄给更多的人）。志愿者们收到了一包关于该研究介绍的资料，其中指明了信件的目标人——被随机选中的一名志愿者，是一名来自马萨诸塞州沙伦县的股票经纪人，他在波士顿工作。这些志愿者们得知，假如他们认识这名目标人的话，就请直接将信件寄给他；假如他们不认识这名目标人的话，就请将信件转发给他们认为最有可能认识这名目标人的熟人，这么做的目的在于，当志愿者的熟人收到这封信后，也会按照指示将信件继续传送下去，直到最后，收到这封信的人会认识目标人，并且将这封信寄给他。

当然，在这个过程中许多人并没有理会信件上的指示，没有将信件寄向下一个人，但是，从最初随机选中的那些志愿者中，有64人产生的链接都最终有效扩展到了马萨诸塞州沙伦县，并将信件送达了目标人的手中。那么，要经过多少次转发，"志愿者认识甲，甲认识乙，而乙认识丙，丙认识丁……"这个人才会接触到目标者呢？也就是说，到底需要多少中间人才足够把这份链接扩展到目标者身上呢？结果的中位数仅是5个。于是，这个研究引向了"六度分离"（six degrees of separation）这个概念。基于这个观念，六段相识的链接足以把这个世界里的任何两个人联系起来。同样的实验在2003年，通过更容易的电子邮件的方式被再次验证。这一次，研究者们选中了超过100个国家的24,000名电子邮件用户，并且设定了18个不相联的目标人。在志愿者们发出的这24,000封邮件里，大约只有400封被最终送达到他们的目标人邮箱里，但是结果是相似的——电子邮件通过中位数为6至7的转发次数，便到达了目标人的邮箱里。

我们在不同的科学领域，比如物理和化学，用诺贝尔奖来嘉奖科学家们的杰出贡献；我们的大脑也同样值得一枚金牌——为它在创造以及保持社交网络时的非凡能力。在这些团体中，人们能把冲突及误会降到最低，并且顺利完成某个共同的目标。150这个数字也许是人类在野生环境中自然形成的群组大小，由于创新以及文明，我们可以越过150这道天然的屏障，并且完成数千人合作完成的任务。科学家们在瑞士制造了一台粒子加速器，这台大型强子对撞机（LHC）背后所隐藏的原理，诚然可谓是人类心灵进步的一座里程碑。构造这台机器所需要的人员规模以及组织的复杂性同样也是人类心灵进步的一座里程碑——一个大型强子对撞机（LHC）实验需要37个不同国家超过2500名的科学家、工程师以及技术人员共同努力，并且在一个不断变化、复杂的环境里一起解决问题。这种卓越的组织能力，与制造出这种高深产品的能力同样让人印象深刻。

催产素的秘密

关于非人类哺乳动物有趣的一点就是，它们都是"小脑"生物。科学家们所说的这个"小脑"的意思是，我们人类掌管意识的区域，在动物的大脑中，它比掌管潜意识的部分要小，当然，没有人真正清楚，我们有意识的思想究竟是从何而来的，但它似乎主要集中在我们大脑的前额皮质，而这些区域在动物的大脑中要么很小，要么根本就不存在。换句话说，这些动物反应得更多，思考得更少——如果在它们身上思维真的存在的话。所以，当马特叔叔用一把烤羊肉串的叉子刺向自己的胳膊时，你的潜意识会立即发出警报，而你的意识却会提醒你，马特叔叔只是在表演一个魔术吓唬你而已。相反，宠物兔子一定会按照直觉避开马特叔叔以及他的烤肉叉子。尽管兔子并不能理解马特叔叔的玩笑，但在兔子的大脑中，负责潜意识处理的区域与我们人类并没有太大的差别。

事实上，许多猿猴甚至更低级哺乳动物的内在自动神经机制能够使它们表现出与人类行为惊人相似的举动。虽然在其他动物身上我们不会学到很多关于"心理理论"的事实，但是动物却可以帮助我们对自动的潜意识行为产生更深入的了解。这就是为什么，当其他人喜欢看类似《男人来自火星，女人来自金星》(*Men are from Mars, Women are from Venus*) 来了解男性和女性的社会角色时，我则转向《哺乳动物中的母婴连接以及社会关系演化》(*Mother-infant Bonding and the Evolution of Mammalian Social Relationships*)——有朋友嘲笑我说，就是这类书籍减少了我生活中"哺乳动物的社会关系"，让我成了一个书呆子般的学者。

让我们来回顾一下书中的一段话：

> 雄性的生殖成功通常是由与其他雄性的竞争，以及与自己发生交配关系的雌性所决定的。因此，雄性之间很少会形成强大的社会关系。那些已有的雄性联盟往往具有等级制度，并且强调侵略性行为，而非合作或分工行为。

这听起来就好像是你在酒吧会观察到的景象一样（男性为极具吸引力的女性大打出手，这听起来是不是很熟悉），但是在我引用的这段话中，科学家讨论的是非人类哺乳动物的行为。对于这些非人类哺乳动物来说，全世界就是一个为了争夺配偶和生存的权利而喧嚣的酒吧。关于雌性，这些研究人员则写道：

　　雌性繁殖的策略则是对相对较少的后代进行投资……它们的成功取决于护理质量，以及保护幼崽在断奶年龄后生存的能力。因此，雌性与它们的幼崽形成了强大的社会关联，并且，与其他的雌性之间也存在着强烈的联盟关系。

　　这种情况听起来也很熟悉——我们确实要在研究哺乳动物行为时保持谨慎，不要一股脑儿地把这些行为规律和社会法则引申到人类身上，但是，这些规律似乎解释了为什么大多数女孩儿都喜欢睡衣派对（在西方文化中，一群年轻的朋友穿着睡衣通宵畅谈的聚会），这也是为什么——哪怕我承诺自己绝不具有侵略性并且非常亲和，她们也不会让我参与这些活动。虽然人类与非人类哺乳动物在某些方面行为类似，但并不意味着牛就会因此享受烛光晚餐，绵羊对它孩子的期待就是快乐成长并适应社会，老鼠们渴望在退休后与灵魂伴侣生活在托斯卡纳（意大利著名风景区）。这个事实告诉我们的则是，虽然人类的社会行为比动物要复杂得多，但从进化论的角度来看，我们这些行为的根源都可以在这些动物身上找到，而且，我们可以通过学习它们的行为更加了解自己。

　　那么，假如我们把社会行为看作一种事先设定好的程序的话，在非人类哺乳动物中，社会行为到底具有多少先天性呢？让我们用羊来举一个例子。一只母绵羊，由于先天倾向，对待小绵羊——或者是采用我们肉类产业对它们的称呼——小羊羔时的态度是相当恶劣的。当一只小羊羔靠近母羊想要喝奶的时候，母羊会以一种高音调的咩咩声向小羊尖叫，并且转身弃小羊的请求于不顾。但是，分娩的过程却能将绵羊母亲彻底转变，这个转变几乎是不可思议的——它将一名悍妇成功变成了慈母。转变不是出于有意识的——对孩子的爱而产生的母性思想所引导的，它是化学的。这个过程是由产道的扩张所开始的——母羊的大脑释放出一种叫作催产素的简单蛋白质。

这种蛋白质创造了一段长达几个小时的时期，让"生性刻薄"的母羊能够"敞开胸怀"——与新生崽建立连接关系。假如一只小羊羔在这时接近这只母羊——无论它是否流淌着母羊亲生的血液，还是母羊邻居的崽子，或者是从街尾那家农场偷溜过来的小调皮，都能与母羊形成联系。然后，一旦催产素的窗口关闭后，如果这只母羊与小羊羔保持关联，那么它就会继续哺乳，并用低沉的咩咩声温柔安慰小羊羔。但是，对其他小羊羔来说，它依然是那个讨厌的旧形象——甚至对它自己亲生的小羊羔也是如此。然而，科学家可以操纵着这个窗口的开启与闭合——通过向母羊注射催产素，或着通过抑制催产素在母羊体内的产生——这就好像是拨弄机器人身上的开关一样容易。

另一系列著名的研究中，科学家们在田鼠身上展示了通过化学操纵对哺乳动物的行为进行"编程"的能力。田鼠是一种与老鼠相似的小型啮齿动物，它包括了约150个不同的物种——其中之一便是草原田鼠，它的行为如果放在我们人类社会中的话，绝对能把它标榜成一个模范公民。草原田鼠的配偶关系持续一生——他们是如此忠诚，举个例子来说，假如它们的配偶消失了的话，只有少于30%的草原田鼠会再婚。雄性草原田鼠也是非常负责的父亲——它们坚持保卫自己的巢穴并且分担育儿的工作。

科学家研究草原田鼠是因为它们与其他两个相关的田鼠物种——山地田鼠，以及草甸田鼠形成了完美的对比。与草原田鼠相反，山地田鼠以及草甸田鼠的社会充满独身主义的滥交者。这些物种的雄性在我们人类眼中看来都是一群"小混混"——它们可以与任何有机会接近的雌性进行交配，然后就一贯性地抛妻弃子。如果将它们随机放进一个大房间的话，它们也会尽量避免自己种族的其他成员，而宁愿爬到孤立的角落里发呆（草原田鼠则恰恰相反，它们会聚在一起群聊）。

令人惊奇的是，科学家们已经发现了掌管这些田鼠物种间行为差异的具体大脑特征，并且利用这些知识来改变它们的行为，使一个物种体现出另外一个物种的典型行为。对配偶的忠诚又是一场化学效应，而这个化学效应再一次涉及了催产素。为了要影响脑细胞，催产素分子首先必须要绑定到它的受体上——也就是细胞膜表面的一些特定分子上。一夫一妻制的草原田鼠有许多催产素的受体，它们在大脑的特定区域还分泌有一种叫作加压素的相关激素。其他实行一夫一妻制的哺乳动物，也被发现在这个特定的大脑区域有着同样高浓度的催产素和加压素受体。但是，在滥交的田鼠物种脑中，却缺乏这些受体。于是，当科学家们通过精妙的操纵，使草甸田鼠大脑中的受体数目增多后，孤独的草甸田鼠突然变得开朗随和，就好像它的表亲草原田鼠一样。

除非你是一名专业的灭鼠人员，否则我向你提供的信息也许早就远远多于你所知道的、关于草原田鼠的一切了。我们详细探讨了催产素与加压素的细节，因为它们在哺乳动物——包括我们人类在内的社会行为以及生殖行为的调节中发挥着重要的作用。事实上，与催产素以及加压素相关的化学化合物孜孜不倦地发挥着它们的重要作用，至少已经七亿年了，而它们的作用甚至在蠕虫和昆虫这样的无脊椎动物中也影响深远。

人类的社会行为显然比田鼠和羊更加先进，也更加细致。与它们不同的是，我们拥有"心理理论"，也更擅长通过有意识的决策来扼制潜意识的冲动，但即使是在人类中，催产素以及加压素依然管理着我们社会连接的建立。与母羊一样，人类准妈妈在经历阵痛和分娩时，也会分泌催产素；当一名女性的乳头及宫颈在发生亲密关系过程中受到了刺激时，大脑也会释放催产素。性交后大脑中释放的催产素及加压素都会促进双方的爱情以及对彼此的吸引力，甚至在拥抱的时候——尤其是当女性拥抱的时候——它们也同样发生作用，这就是为什么普通的身体接触也可能会导致感情上的亲密。

在一个更广泛的社会环境中，催产素同样扮演着重要的角色，当人们与他人进行积极的社会接触时，它的分泌意味着促进信任。在一个实验中，两个互不认识的陌生实验对象参与了一个通过合作赚取金钱的游戏，每一位参赛者可以在损害他人利益的基础上获得金钱奖励。因此，这个游戏的关键就在于两个参赛者之间的信任。在游戏中，玩家们衡量对方的性格，并且评估他们的伙伴是否在采取公平的方式，以使得双方都同样受益，或者他们的伙伴是否在为自己谋取更大的利益。

这个实验让人称奇的地方就在于在玩家们做出决定之后，研究人员们就对他们的血液样本进行抽取，并且以此检测玩家们的催产素浓度。研究者们发现，当血液样本抽取者的伙伴以公正、促进双方信任的方式进行游戏时，这名血液样本抽取者的大脑就会通过催产素的释放回以信任。在另一项研究中，实验对象们参与了一个"投资游戏"，在这个游戏中，那些通过鼻喷剂吸入催产素的"投资者"们更倾向于信任他们的"合作伙伴"——向他们投资更多的钱。当实验对象被要求根据面部表情对陌生脸庞的照片进行分类时，那些被给予催产素的实验对象们，更倾向于对陌生脸庞做出认为更值得信赖、更有吸引力的评分（所以，不用惊讶于网络上现在已经出现的销售催产素的页面）。

我们人类，无论有着多么发达的文明和科技，依然难逃动物天性。关于这一点有着充分的科学证据，其中最引人注目的一件证据来源于一个基因———一个支配人类大脑中加压素受体的基因。科学家们发现，拥有两份该基因的人有着更少的加压素受体。这个生理特征造成的后果类似于在滥交的田鼠身上所体现的——拥有更少量加压素受体的人有着比常人高达两倍的婚姻问题，或者说是离婚的风险，并且他们只有常人一半的可能性会步入婚姻的殿堂。所以说，尽管我们的行为比绵羊和田鼠要更为复杂，但我们人类依然天生就被程序安装上了某些潜意识社会行为的"硬件"。

如何让对方不自觉说Yes

在过去的几个世纪里，哲学家们不曾像今天的科学家们一样能够对羔羊及田鼠等生物进行研究，但是，只要当他们涉及到对大脑的研究和猜测，就一定会争论一个重要的问题——我们到底能够在多大程度上对生活进行有意识的控制？他们用不同的哲学理念对这个问题进行了解释，但是，从古到今，从柏拉图到康德的人类行为观察者们通常都认为，我们有必要区分行为的直接原因——那些可以通过内省进行了解的动机，以及那些隐藏的、内在的，只能通过间接推断得出的因素。而到了近代，正如我所提到过的，弗洛伊德就是"潜意识"这一概念的推广者。虽然弗洛伊德的理论对临床应用以及流行文化有着非常重大的影响，但他对小说以及电影的影响远胜于他对实验心理学的影响。

我们感到惊讶，甚至觉得莫名其妙的是，几乎整个20世纪的心理学家们都完全忽视了潜意识这一概念。20世纪的前半部分被行为主义心理学家的革新和运动所主宰，这些心理学家们甚至试图破除所有关于大脑的概念；他们不仅把人类行为与动物行为相提并论，还认为人类和动物仅仅是复杂的机器，它们都是在以可预见的方式回应刺激。然而，尽管弗洛伊德以及他的追随者们推崇的内省法并非可靠的科学研究方法，而且在那个年代大脑的内部运作是无从观测的，但很多人依然认为，完全不顾人类大脑以及它的思维步骤的心理研究是荒谬的。

在50年代末期，行为主义的运动已渐渐消退，两项新的运动则迅速发展及繁荣起来，其中一项便是认知心理学。它的兴起源于计算机革命所提供的灵感，与行为主义相似的是，认知心理学基本上也拒绝以内省作为科学研究方法，但是认知心理学家们认为人类拥有内部心理状态，比如信念。认知心理学把人看作一个"信息系统"，而我们处理心理状态的方法也类似于计算机处理数据。另外一项兴起的运动是社会心理学，其目的则是为了了解人的心理状态是如何被别人的存在所影响的。

由于这些运动，心理学这个领域再次给大脑研究让出了一席之地，但是这两项运动对于神秘的潜意识都持着半信半疑的态度——毕竟，如果人们并不自知潜意识的过程，而我们又无法在大脑中去追踪潜意识是如何发生的，那么，又有什么证据能够证明这种精神状态是真正存在的呢？于是，无论是在认知心理学或者是社会心理学中，"潜意识"这个概念通常都被尴尬地避开了。但是，就像弗洛伊德派的心理治疗师顽固地、一次又一次地将你带回关于你父亲的话题一样，一些科学家们也一次又一次表明，潜意识值得我们严肃地研究，因为他们的实验结果指出，潜意识在我们的社会交往中扮演了重要的角色。就在80年代，一批现在被我们称为经典的实验提供了有力的证据，指出我们的社会行为中是如何存在着潜意识的、自动的组成成分的。

关于行为的一些早期研究直接指向了巴特利特的记忆理论。巴特利特认为，当人们对过往事件进行回忆时，科学家们所观察到的那些记忆误差其实是系统的、有因可循的。因为人们的大脑都遵循着一定的潜意识心理"脚本"，而这个"脚本"的目的就是为了通过填补记忆中的空缺，从而使得那些获得的信息与我们对世界的认知方式"同步"并保持一致。令科学家们好奇的是，我们的行为是否是由一些潜意识的"剧本"所决定的？认知心理学家们做出了这样的假设，我们在日常生活中的许多活动都是遵循着预先确定的心理"脚本"而"上演的"，它们实际上是盲目、不自主并且缺乏个人意志的。

在一个验证该假设的实验中，一个研究者坐在图书馆里仔细观察着复印机旁的动静。当有人走向复印机时，研究者就冲过去试图插队，并在口中说着："对不起，我只有5页，我可以先用复印机吗？"当然，"分享就是关爱"，但是除非受试者要复印的远超过5页，否则插队的理由就不成立。凭什么要让他插队呢？显然，很多人都是这么认为的，40%的受试者给出了类似的回答并且拒绝了研究者的要求。显而易见，想要增加旁人同意插队的可能性，研究者就必须提供一个有效的、令人信服的理由。事实也恰是如此，当研究者说"对不起，我有5页，我可以先用复印机吗？因为我正在赶时间"时，拒绝率从40%急剧下降到6%。这个理由看起来似乎非常充分，但是研究者们怀疑，这个理由可能并非受试者同意插队的原因，可能有其他的因素——也许人们并没有对这个理由进行有意识的评估，就匆忙做出决定，也许他们仅仅是在潜意识中、自觉地遵循着以下的心理"脚本"。

剧本大概应该是这样的，当有人向自己请求帮个小忙时，如果理由为零，则说"不"；当这个人提供出一个理由时——无论是什么理由，则说"好"。这个步骤听起来就像是机器人或者计算机程序一样，不是吗？那么，它是否适用于人呢？这个假设能够很容易被测试出真假，只需要接近正准备使用复印机的人，并且对这个人说："对不起，我有5页。我可以先用复印机吗？因为×××"。×××是一个看起来像理由，却完全没有道理的短语。研究者们将很多短语套入了×××这个模板中，比如"因为我必须要复印这些文件"。

假如那些需要复印文件的人们有意识地对这个"×××"理由进行评估，从而决定是否放弃自己的权益让研究者插队的话，那么，他们拒绝的几率应该与研究者没有提供理由的情况下相当，也就是40%左右；但是，假如给出理由这个行为才是让人们同意插队的关键原因的话，换句话说，假如人们遵循的是"给出理由—同意"这个脚本的话，那么，不管研究者给出的借口是否有说服力，应该只有6%的人会拒绝他的插队要求。第二种情况正是研究者们发现的结果，当插队的人说"对不起，我有5页。我可以先用复印机吗？因为我要复印"时，只有7%的人对他的插队请求表示了拒绝，7%这个概率几乎等同于当实验者给出令人信服的理由时所遭到的6%的拒绝率，也就是说，哪怕是最蹩脚的、不禁推断的理由依然被许多人视为是"合理的"理由。

实际上，从进化的角度来看，这正是潜意识执行日常职责并且将任务自动化的体现，所以我们才能够"抽出闲暇"来应对环境中其他的要求。在现代社会中，这正是"一心二用"——能够在执行某项任务时，通过"自动脚本"的协助，集中精力于另一项任务的精华之所在。

在整个20世纪80年代里，一个接一个的研究似乎都表明着，由于潜意识的影响，人们并没有意识到自己的感情、行为以及看法，或是他们自己是如何与他人进行语言沟通的。最终，心理学家们不得不重新考虑意识在社会交流中所扮演的角色。于是，"潜意识"这个概念就像耶稣重生一样，终于从行为心理学家的十字架上再次复苏；但它顶着"无意识"（nonconscious）这样的名衔，或者是更为具体的，比如"自主自动的"、"内隐的"或"失控的"这样的术语。但是这些认同都主要来源于行为心理学的研究，而心理学家仍然只能够依靠猜测，而不是真正了解到底是什么样的心理过程导致了这些潜意识行为的产生。你可以坐在一家餐馆里，通过品尝不同的食物来了解这家餐馆的特色，但是，想要真正了解在食物的制作过程中发生了什么，你必须去厨房亲自看一看——人类的大脑就像是餐厅的厨房一样，仍然被隐藏在封闭的头骨之内，而其中的内部运作依然如一个世纪之前一样，难以被了解。

解剖你的大脑

第一个表明大脑可以被观察的迹象源于19世纪，科学家们注意到，神经活动会引起大脑内血流量和含氧量的变化。也就是说，通过监测血流量和含氧量这些指标，从理论上来说我们就可以观测到大脑是如何运作的。在威廉·詹姆斯1890年出版的《心理学原理》（*Principles of Psychology*）一书中，他借鉴了意大利生理学家安吉洛·莫索（Angelo Mosso）的研究。莫索记录了颅骨脑手术后头骨有间缝的病人的脑搏动，他观察到特定区域的脑搏动在心理活动时有所增加。他猜测到（而且是正确地猜测到），这些变化是由于该区域神经元的活动所造成的。不幸的是，由于那个年代落后的技术水平，科学家们如果想要进行这样的观察和测量的话，只能通过剪去颅骨的方法"接近"大脑。对于人类大脑的研究来说，这显然不是一个可行方法，但对于狗、猫以及兔子的大脑研究来说，这正是剑桥大学的科学家们在1899年所采取的研究方法。

科学家们采用电流对每个动物的各种神经通路进行刺激，并且通过直接连接活体大脑组织对大脑的反应做出了测量。他们发现，脑血液循环与新陈代谢存在着一定的关联，但是，因为这种研究方法的原始性和残酷性（动物并不能存活很久），科学家们没能抓住这个关联的关键点。而随后X-射线的发明也没能成功替代这种研究方法，因为X-射线只能测量到大脑的物理结构，而不是它的动态——永远不停变化的电流以及化学过程。终于，到了20世纪90年代末期，也就是在弗洛伊德发表《梦的解析》（*The Interpretation of Dreams*）约100年后，功能磁共振成像（fMRI）突然间成为了医学以及科技领域广泛使用的重要工具。

通过功能磁共振成像，科学家们可以在头骨之外（也就是说，不需要移除头骨的情况下），通过大脑内量子电磁相互作用（quantum electromagnetic interaction）映射出大脑的氧消耗水平。所以，功能磁共振成像可以对人类大脑的正常活动进行无创性的三维探测。它不仅为我们提供了大脑三维图，而且让科学家们能够追踪特定大脑区域的活跃性是如何随着时间变化的。于是，我们能够将任何心理过程与特定的神经通路和大脑结构相互联系起来。

在之前的章节中，我多次提到某某实验的受试者进行脑成像，并且大脑的某个特定区域在某个特定情况下是否活跃。举一个例子，我提到过病人TN的枕叶不能进行正常运作，我解释过前额皮层与快乐的体验相关联，并且指出了脑功能成像研究表明我们的大脑中具有两个物理疼痛的感知中心……所有的这些陈述，这些发现都基于功能磁共振成像的技术。当然，在近几年内，其他令人兴奋的新技术也快速发展了起来，但功能磁共振成像的出现是不可比拟的，它改变了科学家们研究大脑的方法，并且在科学的基础研究中继续发挥着不可或缺的重要作用。

你会惊讶地发现，科学家们能够"获取"大脑的任何一个部分，从任何一个方向进行划分切片——就好像他们在解剖你的大脑一样。

想要看到功能磁共振成像真正的神奇之所在，请看下面的图像：这是在我参与一个神经学实验时功能磁共振成像为我的大脑表面所绘制的图像。在这一图像中，在较低的中心区域处颜色较浅的那一块指示的就是，当我正在做出"到底要吃两块糖果中的哪一块糖果"这个

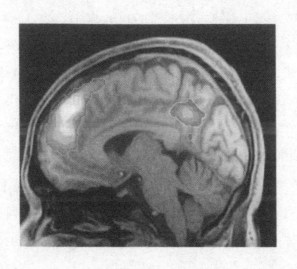

选择时，活动有所增加的大脑区域。

一般来说，神经科学家们根据大脑的功能、生理、进化以及发展将大脑大致分成三个区域。在这个分类中，最原始的区域是"爬虫类脑"（reptilian brain），它负责我们的基本生存功能，比如吃饭、呼吸、心率以及推动我们"战斗或逃跑"本能的情绪——也就是原始版的恐惧和愤怒，所有的脊椎动物——鸟类、爬行动物、两栖动物、鱼类以及哺乳动物都具有"爬虫类脑"结构。第二个区域，大脑边缘系统（limbic system）则更为复杂，它是我们潜意识社会认知的来源。这是一个复杂的系统——它的定义对于不同的研究者也是有所不同的。虽然最初，它是根据解剖学的划分被独立定义为三个大脑区域中的一项组成部分，但是，作为一个对社会情感的形成尤为重要的大脑系统，它的定义随后被功能"改写"。

在人类大脑中，边缘系统往往被定义为一个环状结构，其中的一些比如腹内侧额叶皮质（ventromedial prefrontal cortex）、背侧前扣带回皮层（dorsal anterior cingulate cortex）、杏仁核（amygdala）、海马体（hippocampus）、下丘脑（hypothelamus）、基底神经节（basal ganglia）的组成部分，眼窝前额皮质（orbitolfrontal cortex）。在这第二区域中，很多结构往往被划分进一个被称为"旧哺乳动物脑"（old mammalian brain）的组别，这些结构是所有哺乳动物共同拥有的，不同于第三个大脑区域的结构——新皮质，或者是"新"的哺乳动物大脑——也就是那些更为原始的哺乳动物普遍缺乏的结构。

这个分类似乎将三个区域看作是独立的存在，但实际上，它们彼此之间却有着众多复杂的神经连接，并以集成的方法协同进行运作。就拿海马体来说吧，它是坐落于大脑深处的一个微小结构，但仅仅它一个结构，就足以构成几英寸厚的教科书的主题。另一个最近的学术论文，则描述了关于下丘脑中一个单一类型的神经细胞的研究，它长达100页并且引用了700个复杂的实验。这就是为什么，尽管有了这些长篇累牍的研究，人类的头脑——无论是有意识的还是潜意识的，对于我们来说仍然飘浮在巨大的谜团之中；这也是为什么世界各地成千上万的科学家们仍在努力地阐明这些区域的功能——在分子、细胞、神经和心理这些不同的水平上，并且向我们提供更深的见解，如这些大脑路径是如何通过互动从而使我们的思想、情感，以及行为得以产生的。

今天，研究者们具备了观察大脑工作情况的新能力，并且能从一定程度上理解潜意识的起源以及深度。终于，冯特、詹姆斯以及其他致力于把对心理的研究变成一个严格以实验为基础的"新心理学"派的科学家们的梦想慢慢得以实现。虽然弗洛伊德关于潜意识的概念是有所缺陷的，但他所强调的潜意识思想的重要性却在众多实验结果的支撑下显得更加正当合理。而那些模糊的词条，比如"本我"、"自我"也慢慢失去了它们的影响力，让位给对大脑结构、连接和功能的映像研究。我们大部分的社会认知——比如我们的视觉、听觉和记忆，似乎偏离了我们的意识、意图，在沿着神秘的脚本逃离自我认知。潜意识是以什么方式影响着我们的生活，我们与他人的沟通，对他人做出的判断，我们对社会状况做出的反应，我们对自己的认知……这些就是我们接下来要探索的领域。

READING PEOPLE

第5章

潜意识读人术

如果你的肢体语言表明你很讨厌我，
那你脸上装得再和颜悦色也没有用。

—— 詹姆斯·博格(James Borg),《魔
鬼说服术》作者

1904年秋季，就在爱因斯坦"奇迹年"之前的几个月时间里，《纽约时报》在第六版报道了另一个出现在德国的科学奇迹——一匹"除了讲话之外什么都能做的马"。这个故事并非来自想象，而是基于德国教育部部长和记者本人的真实观察。一匹成年公马——聪明的汉斯（Hans），能够完成三年级学生水平的算术和智力问题。这样按照人类年龄来推算，不考虑物种因素的话，汉斯相当于已经9岁了。事实上，和一般9岁的孩子一样，汉斯已经接受了4年的正式指导，由其主人威廉·奥斯顿（Wilhelm von Osten）对其进行家庭教育。奥斯顿在当地一所高中教数学，是当地有名的怪人，并且对人们的看法毫不在乎。每天奥斯顿站在汉斯面前，当着所有邻居的面，使用不同的道具和一块黑板对汉斯进行教导，然后以胡萝卜或者糖果进行奖励。

汉斯用敲击蹄子的方式来回应主人的问题，《纽约时报》记者描述了汉斯是如何正确识别出这些金属所制成的硬币的，敲一下表示黄金，两下表示白银，三下来表示黄铜。之后，汉斯用同样的方式识别出不同颜色的帽子。汉斯可以说出时间，识别月份和一周的每一天，指出4的倍数是8、16和32，进行5和9的加法运算甚至可以指出7除以3的余数。在记者亲眼见证这一切之后，汉斯一夜成名。奥斯顿在德国各种大小集会上展示汉斯，甚至在恺撒国王的御前演出中也展示过，从不收取任何费用，因为他想让大家相信动物也有类似人类的潜能。

聪明的汉斯与它的主人成了德国媒体广泛报道的对象，公众被能计算、会拼写的汉斯吸引了，但也有怀疑者认为，在表演中可能有什么猫腻，或者耍了什么骗人的把戏。人们成立了一个委员会，对聪明的汉斯进行科学鉴定，委员会得出的结论是，没有发现骗人的花招存在。根据委员会的表述，对汉斯能力的解释源于奥斯顿所采取的非凡教育方法，这些方法和普鲁士小学所采用的方法是一样的，尽管尚不清楚这些"教育方法"是否指的就是奖赏汉斯的糖果或者胡萝卜。

但并不是所有人都相信委员会的结论，有时候奥斯顿还没有说出问题，汉斯就可以做出回答。这一点表明，除了教导方法先进之外，汉斯特技背后还有更多东西有待发掘。一位名为奥斯卡·芬格斯特（Oskar Pfungst）的心理学家决定对此进行调查。有了奥斯顿的支持，芬格斯特进行了一系列实验。他发现，如果在向马提问时，在场的人谁也不知道答案，汉斯立刻就会陷入迷乱，既不会数数，也不会计算，更不用提认字了。

芬格斯特最终发现，汉斯的智力特长源于发问者所展示出来的不自觉的潜意识暗示。问题一经提出，发问者就会不自觉地、几乎无心地身体前倾，刺激汉斯开始踩蹄子。然后当汉斯得到正确答案后，另一个微小的身体语言暗示汉斯停止。这被扑克玩家称为"出老千"，是

一种潜意识行为，是传递一个人心理状态的线索。芬格斯特指出，每
一个对汉斯发问的人都做出了"微小的肌肉运动"，而他们并没有意识
到。汉斯虽然不能成为一匹赛马，但它却有着扑克玩家的心智。奥斯
顿并没有有意欺骗，汉斯也的确能敲出算术题的正确答案，但汉斯并
没有计算能力，它具备的是另一种特殊能力——敏锐的洞察力，这使
它能从各种各样的人那里获得微妙的提示以得出正确的结果。

　　人类口头语言能力非常重要，但是我们也有非语言沟通的平行轨
道，能揭示出我们话语之外的东西。由于（如果不是大多数情况的话，
也是多数情况）非语言信号的读取是自发的，独立于我们的意识和控
制之外，因此通过非语言暗示，我们不知不觉地透露出大量有关自身
和心理状态的信息，我们所做出的动作、身姿、面部呈现出的表情都
会影响其他人对我们的看法。

潜意识暗示的力量

　　非语言暗示的力量在我们与动物的关系中尤其明显，这是因为除
非你生活在皮克斯（Pixar，迪斯尼全资子公司，代表作《海底总动员》、
《料理鼠王》、《飞屋环游记》等）电影中，否则非人类物种对人类语言
的理解是很有限的。像汉斯一样，很多动物对人类手势和身体语言尤
为敏感，例如，最近一项研究发现，如果训练得当，狼也可以对人类
非语言信号做出反应，虽然你并不想让一只狼成为保姆，留下它和你
三岁的孩子一起玩耍。实际上狼是非常社会化的动物，它们之所以能
够对人类非语言暗示做出反应，一个原因是，在狼群环境中这类信号
大量存在，狼群之间很多协作行为都需要预测和解读同类的身体语言。

因此如果你也是一匹狼的话，就会知道你的同类竖起耳朵、耳朵向前、垂下尾巴的含义，这些都是信号主导行为。如果狼耳朵后拉、眯起眼睛，说明它有所怀疑了。如果它的耳朵沿着头舒展，尾巴折在两腿之间，那么它此时是可怕的。尽管没有对狼群进行过明确测试，但是它们的行为似乎暗示它们能够根据信号采取一定程度的准确行动。然而狼并不是人类最好的动物朋友，人类最好的动物朋友是狗，由狼进化而来，最善于解读人类社交信号。这一事实令很多人感到奇怪，因为灵长类动物才是更擅于模仿典型人类活动的动物，比如解决问题能力或者欺骗行为。这表明在驯化进化过程中，受到人类喜爱的狗凭借其心理适应能力，成为人类更好的伙伴。

有一项关于人类非语言沟通的研究非常具有启迪意义，这项研究以老鼠这一很少和人类有意识一起生活的动物为研究对象。在此研究中，实验心理学课程的每个学生都拿到5只老鼠、一个T型迷宫和一个看似简单的任务。T型迷宫一边是白色，另一边是灰色，每只老鼠的任务就是学习如何跑到T型迷宫灰色的一边，只有这时候才能得到食物奖励。学生们的任务就是每天给这些老鼠10次机会去学习，这些学生还需要有目的地记录老鼠任何可能取得的进步。

实际上这些学生，而非这些老鼠，才是实验中的小白鼠。学生们被告知，通过细心喂养，就可能培养出迷宫天才和迷宫傻子两种老鼠品种。一半的学生被告知他们手里的老鼠是迷宫探险家中的天才鼠，另一半学生被告知手里的老鼠无论怎么喂养也不会有方向感。实际上，这些老鼠没有区别，实验的真正目的是比较两组实验的结果，从而发现实验预期是否对其结果有偏见性影响。

研究人员发现那些认为老鼠聪明的学生，其实验效果明显好于那些认为老鼠愚蠢的学生。学生们试图去公平对待，但实际上做不到，他们不自觉地在其预期的基础上传递出信号，老鼠进而在信号指引下做出反应。

无论我们是否愿意，我们都在向其他人传递着预期，并且他们通常也能够对这些预期做出反应。你很可能会联想到很多与你打交道的人的期望，无论是明确表达出来还是隐藏于内心的。父母留给我的一个天赋就是，把自己当作天才老鼠，感觉自己可以成功实现任何设定的目标。父母并没有说起他们对我的期望，但是我却以某种方式能感觉到，而且这一直都是我的力量源泉。

很容易做出的一个类比就是，潜意识传达出的心理预期可能也会对人类行为造成影响，但这一类比结果是否准确呢？老鼠实验的一个研究员罗伯特·罗森塔尔（Robert Rosenthal，美国社会心理学家，加利福尼亚大学教授，主要研究兴趣是人际期望，即一个人对另一个人的期望本身将导致该期望成为现实，同时他还对非言语交流很感兴趣）决定去探求这一结果，但这次实验的对象不再是老鼠，而是人。

对于孩子来说，期望是什么？在其中一项研究中，罗森塔尔指出，教师对孩子的期望会显著影响学生的学习表现，即使教师尝试公平对待每个学生也无济于事。例如，他和同事要求学校18个班的孩子完成一项智力测试，只有教师能看到测试结果，学生不知道结果。研究人员告诉教师此项测试将表明哪些孩子具有超常的智商潜能，其实，这些所谓有潜质的孩子并没有取得较高的智力测试分数——都是随机选取的。

令人震惊和发人深省的是8个月后进行的另一项智商测试结果，罗森塔尔发现了大约一半智商"正常"的孩子智商测试分数提高了10分以上，此外，"天才"学生组中有近20%的学生智商测试成绩提高30分以上，其他学生中仅有5%的学生分数提高了30分以上。给孩子贴上"天才"的标签经证明是一项强大的自我实现预言，这一效应合理证实了自我实现预言同样在其他方面发挥作用，就是说，给孩子打上"能力很差"的烙印将会导致其向此方向发展。

人类通过丰富的语言系统来进行交流，而语言系统的发展是人类物种进化过程中一个关键时刻，创造性地重塑了人类的社会角色。对于其他动物来说，交流仅仅限于简单的信息传递，诸如识别身份或者发出警告。这种动物之间的交流不具备复杂的结构，即使在灵长类动物中，也没有哪个物种能够自然获得些许信号之外的能力，也不可能以更复杂的方式整合信号。另外，一般人能够熟悉几万个单词，而且可以根据复杂规则将这些单词进行组合，几乎不用做出任何有意识的努力或者不用经过任何正式指导就完全可以实现。

科学家并不知道语言是如何演化的，很多人相信早期的人类种群，例如能人（homo habilis）以及直立人（homo erectus）具有类似原始语言或者符号化的沟通系统。但是据我们所知，语言的发展是到了现代人类范畴才发生的事情。一些人声称语言源于100,000年之前，另一些人说是在100,000年之后，但是在50,000年前，一旦当"行为现代"的社会人开始发展时，对复杂交流的需要必然变得更为急迫。我们已经注意到社会交往对我们人类物种的重要性了，并且社会交际与交流需要携手并进。这种需求是如此之强烈，以至于甚至耳聋的婴儿都能够培养出类似语言的手势系统，并且如果教授他们手语，他们就能够用小手牙牙学语。

为何人类会培养出非语言沟通方式？首位深入研究此话题的人是一个英国人，在进化论兴趣的驱使下去研究这一话题。按照他的自我评价，他并不是一个天才，他没有"快速的理解能力或者智慧"，也没有"深入理解冗长且完全抽象的观点的能力"。很多情况下我有着同样的感受，我发现审视这些话是令人鼓舞的，因为这个英国人十分有成就，他的名字是查尔斯·达尔文。

《物种起源》（*The Origin of Species*）一书发表13年后，达尔文出版了另一本激进的著作《人类与动物的情感表达》（*The Expression of Emotions in Man and Animals*）。在这一著作中，达尔文争论称，情感以及情感的表达方式成就了一项人类的生存优势，这一优势不是人类独有的，它也存在于其他物种之中，通过审视不同物种之间非语言情感的相似性和区别我们可以发现情感作用的线索。

也许达尔文并不觉得自己是天才，但始终相信他拥有一项重要的智力优势，就是他所具有的细心、细致的观察能力。情况确实如此，尽管达尔文并不是第一个暗示情感和情感表达方式存在普遍性的人，但他却花费数十年时间，一丝不苟地研究精神状态的物理表现。他不仅观察自己的同乡，也观察外乡人，寻找文化上的异同，他甚至研究了家畜和伦敦动物园的动物。在其著作中，达尔文将众多人类表情和情感手势进行分类，提出了有关其起源的研究假设。他还指出，低等动物是如何通过面部表情、姿势和手势来展示出思想意图和情感的，达尔文猜测多数的非语言沟通可能是人类进化初期的先天性、自发性的延续。

为什么说蒙娜丽莎没有真正在笑

微笑是另一个我们和其他低等灵长类动物所共有的表情。设想你坐在某个公共场合，看到某人在看着你，如果你回望并且那人向你微笑，你很可能对这种交流感觉良好，但是如果那人继续盯着你看，没有任何微笑表情，你很可能会觉得不舒服。这些本能反应源于何处？在交换微笑的过程中，我们分享了与其他灵长类动物同样的感觉体验。

在非人灵长类物种社会里，直视是一个挑衅信号。这一信号往往出现在攻击行为之前，攻击行为将一触即发。结果是，如果某只臣服的猴子想要通过猴王的考核，它就会露出牙齿，给出和平信号。在猴子语言中，龇牙意味着"原谅我，的确，我是在看，但无意攻击，因此请不要先攻击我"。在黑猩猩群体中，微笑可能传达出另一个含义——处于主导位置的黑猩猩可能会对臣服的猩猩微笑，近似地表达出"别担心，我不会攻击你的"。因此如果你在走廊遇到一个陌生人，那人对你报以微笑，你此时体验的交流过程就源于我们的灵长类动物遗传。有证据表明，猩猩和人类一样，微笑是一种友好的信号。

你可能会觉得微笑不是一个好的关于真实情感的晴雨表，因为毕竟任何人都能假装微笑。的确，通过长期实践中所掌握的面部肌肉表情方式，我们可以有意识地决定展露微笑或者其他表情。试想一下，在一个你并不想参加的鸡尾酒会上，为给人留下一个好的印象，你会怎样去做呢？我们的面部表情同时也受到潜意识的控制，因此真实的表情是不能造假的。诚然，任何人都能够通过收缩颧主肌来做出微笑动作，这一表情将嘴角向上拉向颧骨，但是一个真正的微笑还涉及到另一块肌肉的收缩，称为眼轮匝肌（orbicularis oculi），它将眼睛周围的皮肤拉向眼球，呈现出的效果像是鱼尾纹，这一表情被称为"杜氏微笑"。

这一观点由法国19世纪神经学家杜彻尼·博洛尼（Duchenne de Boulogne）提出，他在达尔文理论的影响下，收集了大量微笑的照片。

这些微笑肌肉有着两种截然不同的神经通道——颧主肌是自主的，眼轮匝肌则不由意识控制。寻求微笑表情的摄影师可能会引导我们去说"茄子"，促使嘴角形成微笑姿势，但是除非在摄影师要求你说"茄子"的时候你本来就是非常愉快的，否则这种微笑看起来会很假。蒙娜丽莎只是嘴角上扬，眼睛却没有笑，所以不是真正的杜氏微笑。

在看了杜彻尼·博洛尼给出的两种类型的微笑之后，达尔文评论道，尽管人们能够感觉到其中的区别，但人们很难有意识地找出区别之处。他说道："给我带来冲击的是这样一个奇怪的事实，如此多的表情方式在没有任何分析的情况下就立即被识别出来。"现代研究已经表明，正如达尔文所观察到的，微笑分析实验中即使未受到训练的人们也有很好的直觉，在观察同一人时，能够在真笑和假笑之间做出区分。4S店的销售人员、政客往往被形容为笑容拙劣的人，"方法派"演技演员尝试采用训练的方法来达到此目的，让自己实际感觉到应该呈现出的情感，并且很多成功的政客据说在面对满屋陌生人时，也有塑造真实友情和同情感觉的潜质。

达尔文意识到，如果我们的表情随着物种一起进化的话，那么我们很多表达基本情感的方式，比如快乐、恐惧、气氛、厌恶、悲伤和惊奇，都应该为不同文化人群所共享。同时在1867年，达尔文安排五大洲的当地土著居民完成一份调查问卷，其中一些居民没有接触过任何欧洲人。问卷问题包括，表达惊奇的方式是否靠眼睛来实现，是否会出现嘴巴张大、眼眉上挑？在问卷答案的基础上，达尔文得出如下结论："同样的精神状态在表达方式上在全世界具有明显的一致性。"达尔文研究有失偏颇的地方在于，他的问题都是对答案有诱导性的提问，然而，近年来，大量跨文化研究证实了当时的结论是正确的。

心理学家保罗·埃克曼（Paul Ekman）曾进行过一系列著名的研究。在其首个研究中，他向智利、阿根廷、巴西、美国和日本五个国家的实验对象出示了表情图片。在几年时间里，他和同事向21个国家的人展示了这些图片。研究发现的结论和达尔文研究的结论是一样的，不同文化背景的人对一系列面部表情情感含义的理解是相似的。尽管如此，并不意味着这些表情是天生的，甚至是放之四海而皆准的。

埃克曼到访了新几内亚岛，这里新发现了独立的新石器时代文化。生活在新几内亚岛的土著人没有书面语言，仍然使用石制工具，很少有人见过图片，看过电影或者电视的人就更少了。埃克曼召集了上百名研究对象，他们之前从未接触过外界文化。在翻译的帮助下，埃克曼向他们展示了呈现出基本表情的美国人的面部图像。在识别美国人快乐、恐惧、气愤、厌恶、悲伤和惊奇的表情上，这些原始人类和21个国度的人是一样聪明的。科学家也逆转了研究设计，他们对新几内亚人的表演进行拍照，记录他们在看到子女死亡或者发现死猪长时间躺在地上后的反应。埃克曼所记录的表情是很容易进行识别的。

创造和识别面部表情的普遍能力从人类出生就开始了，几乎所有婴儿用于表达情感的面部表情和成年人都是一样的。婴儿同样也可以像成年人那样，区分其他人的面部表情，并根据所看到的调整自身行为。可能有人会怀疑这是后天培养的行为，事实上，即使是先天失明的儿童，从未见过皱眉或者微笑，也可以表达出几乎和正常人一样的自发性的面部表情。我们的一套面部表情似乎可以成为标配，并且由于它在很大程度上是天生的、潜意识的，反而使得隐藏感情需要更大的努力。

泄露你身份的小动作

对于我们人类来讲，身体语言和非语言交流并不局限于简单的手势和表情，人类有着高度复杂的非语言系统。想象这样一个实验，在一个温暖的秋日傍晚，这天恰逢周末，民意测验人员试图接近正在排队等候购买电影票的情侣。

实验者分为两组，一个成员谨慎地在附近进行观察，而另一个成员接近情侣中的女性，询问她是否能回答几个调查问题。一些女性被问到一些中性问题，诸如"你最喜爱的城市以及喜欢的原因"，其他女性则被问及一些私人问题，如"你童年记忆中最尴尬的事情是什么"。研究人员的测试用于判定这些更为隐私的问题是否会对其男友构成威胁、是否会对亲密空间构成侵害，她们的男友又会做出什么样的反应？

雄性北非狒狒在发现另一只雄性狒狒过于接近它的伴侣雌性狒狒时，就会开始打斗，这一点和上述实验中男性的表现有所不同，男友们并没有做出过于激进的举动，但是他们确实表现出某种非语言暗示。科学家发现，当采访者不具威胁性时，情侣中的男方倾向于只是闲逛，但是当采访者是男性并问及私人问题时，男方就会进入一种严肃状态，闪现出所谓的"紧绷信号"。这些男性表现出来的征兆包括靠近女友，在她与另一个人交流时看着她的眼睛。尽管还达不到狒狒那种程度，这些信号确实是男性内心的灵长类本能反应。

另一种更为复杂的非语言"交流"模式与地位优势有关。非人类灵长类动物在地位优势方面有些微小差别，并且它们具有严格的等级，就像军队中的等级一样。由于没有漂亮的军衔徽章，你可能会想黑猩猩是怎么知道向谁称臣致敬的？占主导地位的灵长类动物会炫耀它们的胸部，并使用声音和其他信号来表明他们的至高地位。正如我曾说过的，黑猩猩表明其地位较低的信号是微笑，另一方式是转圈、弯腰、阿谀奉承。的确，这一特殊行为，尽管被人类广为实践，但其含义似乎在进化的过程中发生了变化。

在现代人类社会，存在两种地位优势类型。一种类型是身体优势，基于侵犯或者侵犯威胁。人类社会中的身体优势与非人灵长类动物的优势类似，尽管信号方式有所不同。大猩猩几乎不会像某些人类一样——随身携带一把折叠刀或者0.357口径的大威力手枪，亦或是穿一件凸显肌肉的紧身衣。然而人类也可以实现另一种类型的优势，即社会优势，基于钦佩而非恐惧，来自社会成就而非身体优势。社会优势信号，比如说戴块劳力士手表或者开辆兰博基尼，可能和雄性狒狒炫耀胸肌一样明显而公开，但是社会信号也可能是比较微妙的，例如减少财富炫耀，出人意料地穿着破旧、褪色、粗劣的牛仔裤和旧式T恤，或者拒绝穿戴任何带有品牌标志的服饰（这和某些人炫耀Prada、LV包包形成了鲜明对比）。

除了露屁股恶作剧或者佩戴星级臂章外，人们确实还有很多传递信号的方式，来表明"我才是将军"而"你不是"。和其他灵长类动物社会一样，视线方向和注视在人类社会都是重要的优势地位信号。举例来说，如果家长训斥孩子时，孩子视线偏离家长视线，大人可能会说："在我和你说话的时候，看着我！"你又不是用眼睛去听，因此要求孩子注视你的命令似乎没有任何意义。眼睛互动实际上是家长要求孩子的尊重——或者用灵长类动物语言来说，要求孩子尊重家长的优势地位。大人的真实意思是说："注意力集中，我是长辈，要尊重我，我才是主导者，因此我说话时，你必须看着我！"

你可能并没有意识到，我们不单只是和孩子玩这种注视游戏，我们和朋友，上级和下属，女王或者总统，园丁或者店员，或者聚会上遇到的陌生人，都会玩这种注视游戏。我们会自动调整我们注视他人的时间，作为我们相对社会地位的社交体现，并且通常不会意识到自己在这么做。听起来似乎违背常理，因为有些人喜欢注视别人，而其他人倾向于看着其他地方，无论他们是和CEO说话，还是和杂货店往包里扔鸡腿的家伙说话。这样看来，注视行为和社会优势有什么关系呢？

心理学家能够使用简单的量化测量方法来描述该行为，而且使用该测量方法得出的数据是引人注目的。其具体流程为，记下你讲话过程中注视别人的时间占比，用该时间占比除以你在听别人讲话时注视他们的时间占比。例如，无论谁在说，你视线离开的时间都是一样的，那么该比例将是1.0。如果你讲话时比聆听时注视时间更少，这一比例将会低于1.0。心理学家发现这一系数是具有揭示意义的统计数据，这一系数被称为"视觉优势比例"（visual dominance ratio），它反映了相对于你的谈话对象，在社会主导等级中你的位置。视觉优势比例接近或者大于1.0，是典型的相对高社会优势人群，视觉优势比例小于1.0表明相对低的优势等级。换句话说，如果你的优势主导比例是1.0左右或者更高，你可能就是老板；如果该比例在0.6左右，你可能是被领导者。

潜意识赋予我们很多精彩内容，而且塑造了众多奇特技艺，但是我禁不住被下面这个事实所打动：我们不仅会下意识地调整注视行为，来与社会地位相匹配，我们还会不断持续地进行调整。有精确数值可供印证。这里有一个数据样本，当相互交流时，后备军官训练队（ROTC）官员展示出来的比例是1.06，而后备军官训练队学生与官员讲话时，比例近于0.61。心理学入门课程学生在和他们认为是高中毕业生但并不打算上大学的人说话时，得分是0.92，在和他们认为是大学化学专业荣誉学生且考入著名医学院的人说话时，得分是0.59。男性专家和女性谈论自身领域话题时，分数是0.98，而男性和女性专家谈论女性领域话题时，该比例是0.61；女性专家与非专家说话时，分数是1.04，而非专家女性和男性专家谈话时，比例为0.54。这些研究对象均是美国人。具体数据可能根据文化不同而有所差异，但此现象可能不会变化。

　　无论是什么文化，由于人们可以不自觉地发现这些信号，因此理所当然他们能够调整呈现给人的印象，有意注视或者将视线离开谈话对象。举例来说，当应聘工作、和老板交流或者进行商务谈判时，传递出一定程度的服从信号可能是有利的——示弱程度如何需要根据具体环境而确定。在工作面试中，如果工作需要较强的领导能力，展示出过多的屈从可能是个不利的策略，但是如果面试官似乎十分不确定，那么展示出令人愉快的、适当程度的服从，可能会让人非常放心，表明该人受到应聘者的欢迎。我认识的一个非常成功的好莱坞经纪人曾经告诉我，他只通过电话进行沟通，避免受对方眼神的影响或者不恰当地透露出某些信息。

　　我的父亲曾告诉我他所学到的简单一瞥的威力和危险。他曾经在布痕瓦尔德（Buchenwald）集中营服刑，体重不超过100磅，像行尸走肉一般。在集中营中，如果狱卒没有和你说话，你就盯着他看，这是非常危险的。俘虏们注定不能与狱卒们有不期而遇的眼神交流。父亲也告诉我，如果配合狱卒的安排，正确的眼神接触会带来含有些许善意的一个词或者一句话，之所以会出现这样的情况是因为眼神接触提高了集中营俘虏作为人的地位。

神奇的非语言交流

我们走在人行道上，穿过拥挤的商场和建筑，几乎不说一句话，虽然没有交通标志，我们也不会撞上其他人或者为了谁先进入转门而陷入争斗。我们和不认识的人或者不想认识的人交谈，会自动站立在可接受的距离范围内。这一距离根据文化、个体的不同而不同，而且不用说话也不会思考，我们就会调整至双方都感到舒服的距离。交谈时，我们会自动感觉到什么时候该停顿一下，让他人插句话，在接近尾声时，我们通常会放低音调，说出最后一词，停止手势，看着对方。除了调整自我行为之外，这些技巧帮助我们生存，并且使得我们能够掌控复杂的人类社会。

非语言交流在很多方面比语言要更丰富和基本，它是如此强大，以至于仅仅与身体语言相关的动作，即使不包括躯体本身，也足以使我们具备准确感知情绪的能力。研究人员做了实验参与者的视频片段，这些参与实验的人员带有十多个小发光体，附着在身体的关键部位，如后图所示。制作视频的地方光线十分暗淡，仅能看到发光体。在这些研究中，当参与者静止站立时，发光体给出的视觉效果是毫无意义的发光点，但是当参与者动起来时，观察人员就能够从移动灯光中破译出惊人的信息。研究人员能够判断实验参与者的性别，甚至单从他们的步法就知道身份。当演员、哑剧演员或舞蹈家等被要求通过身体语言表达情感时，观察人员很容易发现他们展示出来的情感。

非语言能力能够给个人和商业生活带来优势，并且在感知个人热情、信任和说服力上发挥重要角色与作用。你叔叔或许是世界上最和蔼的人了，但是如果他喋喋不休地谈论着在哥斯达黎加看到的苔藓，

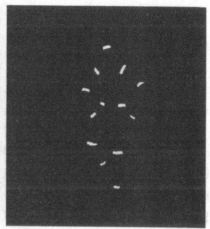

并没有注意到对方脸色都开始绿了，跟长苔藓似的，他可能就不是最受欢迎的逛街对象。我们对他人思想和情绪信号的敏感性有助于社会环境的顺利发展，使冲突的发生达到最小化。从儿童时期开始，善于释放和接收信号的人在社会环境中更容易实现其社会目标。

早在20世纪50年代，众多语言学家、人类学家和精神病学家尝试按照口头语言的分类对非语言暗示进行分类，甚至有人类学家开发了一个转录系统，记录了几乎所有可能的人类动作。今天社会心理学家会将非语言沟通划分为三种基本类型：一类涉及身体动作，面部表情、手势、姿势、眼球运动；另一类称为辅助语言，包括说话的音质和音高、停顿次数和时间长短以及非语言声音，诸如清嗓子或者说"哦"；最后一类是近体距离，私人空间的使用。

很多畅销书都宣称能提供有关这些方面的指引，并且给出如何使用的建议。这些书会告诉你，紧紧合抱双臂意味着你并不愿意接收别人正在告诉你的事情，如果你听到愿意听的，你很可能会采取一种敞开的姿势，甚至会适当前倾。书中也会说，向前移动双肩表示厌恶、绝望或者恶心，而交流过程中保持较远的人际距离意味着较低的社会地位。

至于这些书中成百上千的行动方法是否有效，相关的研究还不多，但是这些不同的姿势至少说明了人们对你的态度，帮助你了解他人的暗示，否则这些暗示只有你的潜意识才能捕捉到。即使没有意识的理解，你仍然能够获得大量有关非语言暗示的信息。下次观看电影时，如果听不懂里面的语言，尝试关掉字幕。你会惊奇地发现，即便没有显示任何语言沟通内容，你也可以理解电影里的行为。

JUDGING PEOPLE BY THEIR COVERS

第**6**章

以貌取人

在眼睛和心灵之间有一条通路，根本不经过理智的驿站。

——G. K. 切斯特顿（G. K. Chesterton），英国作家

如果你是个男人，那么被比作一只"燕八哥"（北美常见的一种鸟类）恐怕不是一种让人愉快的恭维。雄性燕八哥可是个真正的大懒虫，不必监视领土，不必照顾幼鸟，也不必往家拿工资。在燕八哥的世界里，正如一篇研究报告所说，"雌鸟从雄鸟那里几乎得不到什么直接的好处"。显然，所有的雄性燕八哥只会做一件事，但是这一件事却是雌鸟都梦寐以求的，所以，至少在交配季节，雌鸟对雄鸟都是趋之若鹜的。

对于一只动了情的雌燕八哥来说，雄鸟的歌声就是她心中英俊的面庞和大块的胸肌。由于鸟喙的缘故，雌鸟无法对雄鸟做出微笑这种鼓励性暗示，所以当她对雄鸟感兴趣时，会用自己充满诱惑的鸣叫——"啁啾"作为回应。就像热情洋溢的人类少女一般，如果一只雌鸟发现，一群雌鸟都对某一只雄鸟感兴趣，她自己也会喜欢上这只雄鸟的。我们假设，在交配季节之前，一只燕八哥"少女"不停地听到一个"男孩"

的鸣叫，伴随着其他适龄燕八哥"少女"的"唧啾"，你认为，这时候这个"少女"还会想起父母的谆谆教诲，用理智战胜冲动吗？答案是否定的。当交配季节来临时，一听到雄鸟的歌声，她会自动地做出邀请对方交配的动作。我为什么会说她的回应是"自动的"，而不是一场经过缜密思考、精心策划的求爱呢？因为一听到雄鸟的歌声，雌鸟便会做出"快来吧"的姿态，即便那歌声不是雄鸟发出的，而是录音机放出来的。

虽然人类和许多低等动物都有共同点，但我们是绝不会和录音机调情的，对吧？人们有时候确实会不经意间说出自己本不想透漏的想法和感觉，但是，我们会"自动"回应某种社交暗示吗？我们会像意乱情迷的燕八哥一样，即使在逻辑和理智都认为不合适、不合理的情况下，依然一意孤行吗？

几年前，斯坦福大学的一位传播学教授克利福德·纳斯（Clifford Nass）找来了几百个学生，每人分配一台电脑。学生们得知，他们需要学习一门由电脑播放的课程，并为考试做准备。电脑里的课程是可选的，从"大众媒体"到"爱情与男女关系"都有。在学习和考试结束之后，学生会收到电脑给出的成绩评估表。最终，学生们自己要填写一份相应的评估表，为课程和电脑老师打分。

其实纳斯对电脑教学一点儿兴趣都没有，他感兴趣的是这些学生，他的"燕八哥"们。他和同事们经过一系列的实验，仔细研究了学生的行为，收集他们面对冷冰冰的电脑时的反应，推测他们对机器的回应是否也有对人类的感觉，虽然，期望学生不小心撞到显示器时说"不好意思"是不现实的。在学生的意识里，他们很肯定电脑并不是一个人，然而，纳斯的兴趣点在另一个层面——学生潜意识中做出的行为。

在其中一个实验中，研究者将学生分成两组，一组由发出男声的电脑授课和评估，一组由发出女声的电脑授课和评估。除此之外，课程没有任何区别——男电脑和女电脑讲授的内容和顺序都是一样的，给学生的评估也是完全一样的。就像我们在第7章中将要见到的那样，如果是真人授课，学生对老师的评价就会受到定势思维的影响。关于定势思维的例子很多，比如，女人在男女关系方面比男人知道的更多。再比如，如果问一个女人，是什么使夫妻关系更紧密。她可能会说"坦诚布公的交流和夫妻间的亲密关系。"如果问一个男人，他可能会一脸茫然："啊？"研究证明，由于定势思维的影响，即使在男女关系方面一个男人和一个女人的能力相等，人们通常会认为那个女人更有能力。纳斯致力于研究学生在男电脑和女电脑授课时会不会也带有同样的定势思维呢？

答案是肯定的。同样选择了"爱情与男女关系"课程的学生中，在课程内容完全一致的情况下，听女声授课的学生比听男声授课的学生给老师的评价更高，他们表示老师对课程内容的理解更加精细。但是，在如"大众传媒"一类的更加中立的课程中，男声电脑和女声电脑得到的评分相同。另一个不幸的性别观念是强势作风在男人身上更受欢迎，学生们普遍评价一个强势的男声比强势的女声更令人喜欢，虽然男声和女声念出的内容是完全一样的。显然，虽然是电脑在发声，但是相比男性，女性使用果断的言语还是更容易让人觉得独断专行和不可忍受。

研究人员同样调查了人们是否会遵循社会规则礼貌地对待电脑，比如说，当不得不面对面地批评一个人的时候，人们通常会表现出犹豫的情绪，或者粉饰自己的话语。假设我问我的学生："你们对我刚才讲的牛羚觅食习惯的随机性有什么看法吗？"一般来说，我会看到一些人点头，听到少数几个人咕哝几声，但是没人会实在地说："牛羚？你那无聊的课我一句都没听，但一边听着你那一成不变的声调，一边用笔记本偷偷上网倒是很惬意的。"即使是那些坐在第一排，还明目张胆地用笔记本上网玩的学生也不会如此直言不讳。然而，学生会将这些负面评论留在不记名课程评估表上。但是，如果需要评估的是一台会讲课的电脑而不是老师呢？学生在面对面批评电脑的时候会犹豫吗？

纳斯和他的同事们安排一半的学生在给他们讲课的电脑上为课程打分，一半学生到其他电脑上打分。当然，学生们不会有意识地照顾机器的情绪，粉饰他们的语言——结果，也许你已经猜到了，他们确实犹豫过是否要当着电脑的"面"批评它。也就是说，当在自己的电脑上打分时，他们给电脑老师的评价比在另一台电脑上的评价要高。

就像燕八哥一样，那些学生确实将那段录音看作同类对待了，难以置信是吗？这可是真实的实验结果。在实验结束后，研究员们将实验的真实目的和结果都告诉了学生们，他们全都笃定地认为自己绝对不会和一个电脑进行社交互动。实验结果证明他们都错了，当我们的意识正忙于思考别人话里的意思时，潜意识已经开始用其他的标准对说话人做出判断。人的声音与大脑深处某个接收器紧密相连，不管那个声音是否来自真人。

声音低沉的男人更受欢迎

人们会花大量的时间讨论和思索异性"看起来"怎么样，但很少花时间考虑对方"听起来"怎么样。然而，在我们的潜意识里，声音是非常重要的。人类大脑的进化经历了几百万年，但是我们进入文明社会的时间只有大脑进化时间的百分之一。这就是说，虽然我们脑子里满是21世纪的知识，但头颅内的大脑还处于石器时代。我们认为自己是文明的种族，但大脑确实是为一个更早的时代量身打造的。在鸟类或其他动物中，叫声对于满足许多需求——比如繁殖——都是至关重要的，对人类来说，也同等重要。我们能从一个人的音调、音质和抑扬顿挫中提取出许多精妙的信号，但也许我们与声音最重要的联系和燕八哥的反应是一致的——人类女性也会被男性的"呼唤"所吸引。

也许女人会在她们喜欢什么长相的男人这个问题上喋喋不休：是深色皮肤留胡须的男人？干干净净的金发男人，还是所有开着法拉利的男人呢？但是，当被要求评价一个看不到却只能听到声音的男人的时候，女人奇迹般地联合了起来——声音低沉的男人最帅。在这些实验中，当被要求猜测某一声音的主人的外形特征时，女人们倾向于将低沉的声音与高大、强壮、胸毛多等男人的性感特征联系在一起。

研究人员近期发现，男人会在潜意识中衡量潜在的竞争对手，分析自己是否占有主导优势，随之调整自己的音量高低。研究人员邀请了几百个20多岁的年轻男子参与实验，他们得知自己要和另一名男子竞争与美女共进午餐的机会，美女就在隔壁屋，而竞争者在另一间屋里。

每个参与实验的男子都能通过摄像头与美女交流，但当他与竞争者交流的时候，只能听到对方说话，而看不到对方。实际上，竞争者和美女都是研究人员安排的，他们的一举一动都是事先商量好的。研究人员要求每名男子——向美女以及竞争者——讲述他认为自己受其他男人羡慕和尊敬的原因。男人们在大肆吹捧自己在篮球场上的潇洒身姿、得诺贝尔奖的几率、做芦笋乳蛋饼的秘诀之后，这一环节便结束了。随后，他需要填写一份自我评估表、竞争对手评估表以及美女评估表。就此，实验结束，不过悲催的是，没有胜出者可以和美女共进午餐。

研究人员透过录像带分析了男人们的声音，并仔细检查了他们的评估表，希望通过评估表看出，受试者在与竞争者比较后，对自己身体优势的评价。结果是，当受试者认为自己比竞争者更有身体优势时——也就是更健康和强壮时——他们的声音会更低沉，而当他们认为自己处于劣势时，他们的音调升高，这一切都是在他们完全没有意识到的情况下发生的。

从进化论的角度来看，最有意思的是，当女人处于排卵期时，男人富有磁性的声音对女人最具影响力，更有甚者，不单是女人对声音的偏好受生理周期的影响，她们自己的声音——音调和柔滑度——也受其影响。研究证明，女人生理上受孕的可能性越大，在男人心中她们的性感指数就越高。结果便是，无论男人还是女人，在女人的排卵期，都会受对方声音的吸引。由此可见，我们的声音是潜意识为我们的鱼水之欢发出的广告，在女人的排卵期，这些广告在男人视野的两侧频繁闪烁着，诱惑他们点击"购买"键。结果是，我们得到的可能不仅仅是一个伴侣，还有可能免费得到一个孩子。

还有一点需要解释：女人喜欢的为什么一定是低沉而有磁性的声音？尖锐短促的声音或者普通的声音为什么不行？这到底是自然的随机选择，还是有磁性的声音和男子气概确实有关联？我们看到，在女人眼里，低沉的声音让她们想起高大、多毛、强壮的男人，但实际上，这两者并无必然联系。研究证实，和低沉的声音密切相关的，其实是睾丸激素水平，有着磁性嗓音的男士通常男性荷尔蒙水平更高。

很难说这是大自然的精心策划，还是睾丸激素水平高的男人真的多子多孙。由于现代人普遍采用避孕措施，我们很难通过其子女的数量来判断一个男人的生殖潜力。然而，一位哈佛人类学家及其同事们另辟蹊径，于2007年前往非洲，研究当地哈扎人的声音和家庭规模之间的联系。哈扎人居住在坦桑尼亚喀拉哈里林地附近，是一夫一妻制的狩猎民族，人口在一万人左右。在那里，没有人控制生育；在那里，男低音确实能打败男中音。

研究人员发现，女人的音高确实和她们的生育能力无关，但声调低沉的男人平均来说子女更多。男低音对女人的性吸引看起来有个正统的进化论理论支撑，所以，如果你是一个女人，而且你想要很多很多孩子，快快听从本能的指引，找个摩根·弗里曼（Morgan Freeman，美国黑人男演员，《肖申克的救赎》主演之一）一样的男人吧。

声音也能改变仕途

如果你对雇员说"我重视你，我会尽一切努力给你加薪"肯定比"我需要缩减开支，缩减开支最简单的方法就是给你的钱越少越好"的效果要好得多。你的音高、音质、音量和抑扬顿挫，你说话的速度，以及调整音高和音量的方式，都能决定你是否值得信服，并为他人判断你的心境和性格提供依据。

科学家已经发明了分析声音的电子设备，不受说话内容的影响，比如说：他们用软件打乱音节的顺序，让人听不懂意思；再比如，他们调整句子中的辅音出现的频率。这两种方法都可以破坏句子的意思，但是说话的感觉还在。研究证明，当受试者在听这种"无内容"的谈话时，他们对说话人的印象、对情感信息的捕捉与听了完整内容的受试者的感觉是相同的。

在一个实验中，科学家们让一小撮人回答同样的两个问题，一个是政治类的，"你对大学录取政策向少数族裔倾斜这件事有什么看法？"另一个是个人问题，"如果你突然发财了，或者继承了一大笔遗产，你会怎么做？"受试者的回答被录了下来，实验者用电子设备将他们的音高或升高或降低了20%，将他们的语速或加快或减慢了30%，形成了4种不同的版本。转换后的录音听起来十分自然，音质也十分正常，那么，转换后的声音会对听者有怎样不同的影响呢？

实验者招募了志愿者来听取这些录音样本，他们从样本库里随机挑选一个受试者的录音——有可能是原音，也有可能是调整过的版本——放给志愿者听，并要求他们评价。由于在不同版本中，受试者说话的内容没有变化，变化的只是声音，因此，倾听者评价的区别就体现了声音而不是内容的影响。结果是，相对音调较低的人而言，说话音调较高的人被认为不真诚、无法切入要害、没有力量。同样，相比说话快的人而言，说话慢的人被认为具有不真诚、说服力不强、被动等特点。

"说话快"一贯被认为是"拙劣销售人员"的特征，但有一定可能的是，语速稍稍加快一点儿会让你听起来更聪明、更令人信服。如果两个人说同样的话语，而其中一个语速稍快、声音洪亮、停顿更少以及更抑扬顿挫的话，那么这个人会被认为更有活力、更博学。音调高低起伏，音量有大有小，磕巴越少越好，这样有表现力的演讲能增加演讲人的可信度，使他看起来充满智慧。另有研究证明，正如人们通过面部表情传达基本感情信息，我们用声音同样可以做到这一点，比如说，当我们说话声音比以往低沉时，听者会本能地感觉到我们不太高兴，而当我们提高声音时，我们可能是生气或害怕。

如果说声音能有如此大的力量，那么关键问题就是，人们在多大程度上能够有意识地改变他们的声音。

1959年被选为伦敦北区的保守党议员的玛格丽特·希尔达·罗伯茨（Margaret Hilda Roberts）便是一个例子。她想在政治上更进一步，但是身边的人担心，她的声音会是一大问题。保守党竞选运动智囊吉姆·贝尔说："她说话像教导主任，有点儿专横，带着一些恐吓的意味。"她自己的公关顾问高登·瑞斯描述得更形象一些："她的高音对过路的麻雀来说都有致命危险。"玛格丽特为了证明虽然她的政策是铁腕的，但她的声音是柔和的，听从了心腹的建议，降低了音高。声音的变化对她仕途的改变，我们无从精确得知，但她确实做得很好。在保守党于1974年被工党击败后，她于1951年嫁给了富有的商人丹尼斯·撒切尔——成为了保守党领袖，而后，成了英国首相——撒切尔夫人。

神奇的触碰效应

在读高中的时候，有好几次，我鼓起了全部勇气去接近一个女孩，想和她约会。现在回想起来，那段经历就像是我一直在出多项选择题，而她只是回答"以上都不是"。随后，我明白了一个道理，一个业余时间读非欧几里得几何学的男生是不太有可能成为"校园明星"的。有一天，当我在图书馆找一本数学书时，误打误撞地找到了一本书——

《怎样和女孩约会》。我之前从不知道居然还有人写过这方面的指导书，书里真的充满实用的技巧吗？

　　书中强调说，如果女孩和你不是非常熟悉——对我来说，我们学校所有女孩都是如此——那么你和她约会的可能性就很小，所以，如果你被拒绝了，不要介意。也就是说，你应该直接无视可能拒绝你的女孩的庞大数量，而要不停地邀请她们，因为虽然机会不大，但是概率法则注定终有一天你会时来运转。由于概率法则很是我的菜，因此我相信坚持不懈是一种很好的人生哲学。我听从了那本书的建议，当然，不能说我取得了辉煌的成果，但是几十年后，我惊讶地发现一群法国研究者如那本书所说地做了实验，以严谨科学的态度，得出了惊人的数据。更重要的是，他们发现了一个能够提高我约会成功几率的方法。

　　法国文化有许多值得赞美之处，而且多数都与美食、美酒和罗曼蒂克有关。就罗曼蒂克而言，法国人被认为尤为擅长，而且，就在上文提到的实验中，他们居然试图把它变成一种科学。场景坐落于法国西部布列塔尼半岛大西洋海岸边瓦讷市的人行道上，六月明媚的阳光倾洒而下，三个年轻英俊的法国男人随机找年轻的独行女士搭讪。他们共接近了240位女性，对每个女性说的都是同样的话："嗨，我叫安东尼，我只是想说你今天真的很漂亮。我下午马上就要去上班了，所以你介意把电话号码给我吗？稍后我会给你打电话的，咱俩可以出去喝一杯什么的。"如果该女士拒绝了他，他会说："真糟糕，我今天运气不佳。祝你心情愉快！"随后，他会去寻找下一位女士。如果女士给了他号码，他会告诉她这次搭讪完全是以科学之名，多数女性都会一笑了之。这个实验的关键是：他们搭讪的女性中，有一半的女性会被他们轻轻地碰一下手臂，而另一半女性则没有被触碰。

　　研究人员感兴趣的是，男人会不会因为这一下碰触而提高成功的几率？碰触作为一种社交暗示，到底有多重要？在这一整天中，三个男人共得到30多个电话号码。当他们不触碰女士时，他们的成功率是一成，当他们稍稍触碰一下时，成功率则增加到两成，这一秒钟的轻轻触碰就让他们的受欢迎程度翻了一番。那为什么被碰了一下的女士就更容易答应去约会呢？事实是，在潜意识层面，触碰看起来有爱护和感情维系的意味。

　　不像非欧几里得几何学，这个触摸实验大有实用之处，比如说，在一个有8个侍者参与的实验中，侍者们在某些客人用餐快结束时，一边问候他们"晚餐怎么样"，一边轻触一下他们的手臂。结果，侍者从他们没有碰触过的客人那里得到了平均占餐费14.5%的小费，而从他们触碰过的客人那里得到的小费占餐费的比率为17.5%。另一项研究证明在酒吧给小费也是同样道理，60%的客人会在被触碰后点侍者推荐的每日精选菜品，而没有被触碰的顾客只有40%的人会听从侍者的建议。触碰效应还在许多场合被证明有效：在夜店邀请单身女性跳舞，邀请人们在请愿书上签字，鼓励大学生克服尴尬在黑板上当众演算，在商场里邀请匆忙经过的人们花10分钟填写调查问卷，在超市里顾客试吃后鼓励他们购买产品。

　　你可能对这一切充满了怀疑，毕竟，有些人在被陌生人触碰的时候会退缩，有可能在以上我提到的实验中，受试者也会退缩，但是积极回应的人的数量比他们的数量要多得多。想想这只是轻轻地碰一下，而不是抚摸或拉扯。事实上，当被碰触的人随后被告知实验详情时，通常只有三分之一的人真正感觉到自己被碰了一下。

可能有人会问，喜欢轻轻碰别人一下的人更容易成功吗？至于时不时轻抚下属脑袋的老板会不会更顺利地经营公司，我们不得而知，但是伯克利大学一组研究员在2010年的一项研究显示，轻拍一下队友的脑袋表示祝贺的行为是一种很好的团队互动方式。这些研究员们研究了篮球运动，因为这项运动既要求亲密无间的团队合作，又有复杂的碰触动作。

调查发现，一支球队成员之间顶拳、击掌、撞胸、撞肩、胸口一击、安慰般地拍拍头、腰间击掌、双手击掌、半拥抱和团队挤作一团庆祝的次数与球队成员相互配合的默契有很大关联，比如传球给没有被严密防守的队友的默契、掩护队友并让其逃脱对方的紧密防守的默契、放弃自己表现的机会和队友联手得分的默契等。球员之间的接触越多，球队就越默契，赢球的机会就越大。

触碰在增强社会交往、合作和维系中起了如此之大的作用，以至于我们的身体进化出了一条特殊的路径，从皮肤直达大脑。科学家们在人类的皮肤里发现了一种特殊的神经纤维，这种神经纤维看起来是专门为传递在社会交往中触碰产生的愉悦感而生的。不幸的是，由于它们传递信号过于缓慢，无法帮助你分辨是什么东西在碰你，或者精确地告知你，你的什么地方被触碰到了。"它们不会帮你分辨苹果和石头，连分辨你的脸颊和下巴都无能为力。"社会神经学先驱拉夫·阿多芬斯（Ralph Adolphs）表示，"但是他们和大脑中与情感有关的区域是直接相连的，比如岛叶皮质（insular cortex）。"

对灵长类动物学家而言，触摸的重要性不言而喻，根本不值得大惊小怪。灵长类动物有相互梳洗的习惯，在这一过程中，触摸是必不可少的。梳洗的行为虽然表面上看与卫生有关，但其实为了保持干净，动物只要每天梳洗十分钟就够了。那么它们为什么花几小时的时间整理毛发呢？在非人灵长类动物中，相互梳洗是维持社会关系的重要因素。出生时，触感是我们发展最完善的感官，在婴儿一岁之前，触感是其主要的交流模式，而且在人的一生中，触感都有着重要的影响。

为什么容貌会改变大选结局

1960年9月26日晚7点45分，民主党总统候选人约翰·肯尼迪大步流星地走进了位于芝加哥市内的哥伦比亚广播公司旗下WBBM工作室的大门。他看起来精神抖擞，古铜色的皮肤闪闪发亮且身材健美。记者霍华德·史密斯事后说，肯尼迪像是"来领取桂冠的运动冠军"。肯尼迪的竞争对手理查德·尼克松的电视公关顾问泰德·罗格斯表示："当肯尼迪进入工作室大门的时候，我以为他是科奇斯（Cochise，美国奇里卡瓦阿帕切印第安人酋长），他的皮肤晒成了棕黑色。"

而另一边的尼克松则看起来憔悴又苍白，他在肯尼迪的高调入场之前15分钟就到了，两位总统候选人将在芝加哥上演美国历史上第一次总统大选辩论。尼克松最近不幸因膝盖感染入院治疗了一段时间，伤痛现在依然困扰着他，但他没有听从医生的劝告继续休息，而是恢复了那折磨人的全美竞选活动，因此消瘦了许多。当尼克松从他的车中爬出来时，他正忍受着近39度的高烧。尽管如此，他依然坚称自己能够胜任这场辩论。如果仅从候选人的口才来看，尼克松确实发挥正常，但这场辩论是在两个层面上进行的：口头的和非口头的。

当天的议题包括与社会主义国家的矛盾、农业和劳工问题，还有候选人的资历。由于总统大选与人民利益相关，而且总统辩论多是关于重大的政治和现实问题的，因此候选人的承诺和话语应该是最重要的因素，不是吗？你会因为一位候选人由于膝盖感染看起来有些疲惫而投他对手的票吗？声音、触碰、姿势、面容和表情这些因素会严重影响我们对人的判断，但是我们难道应该根据行为举止选总统吗？

哥伦比亚广播公司的制片人唐·海威特瞥了一眼尼克松憔悴的脸，就知道大事不好。他问两位总统候选人是否需要专业化妆服务，肯尼迪婉拒后，尼克松也拒绝了。随后，当一位助理在往尼克松著名的五点钟阴影（指有些男士早上刚剃完胡子，一般下午5点左右可能就会长出须根了，看起来像一道阴影）上搽一种叫"懒人剃须"的开架化妆品时，在他们看不见的地方，肯尼迪的团队在给他做全套的化妆服务。海威特力劝罗格斯——尼克松的电视公关顾问，修饰一下尼克松的外貌，但罗格斯认为无须多事。海威特随后向他的上司汇报了此事，他的上司和罗格斯也谈了这个问题，但得到的是同样的答复。

七千万人在电视上观看了这场辩论。辩论结束后，据得克萨斯州的某位共和党大员说："那个混蛋刚刚毁了我们一场选举！"这位共和党大员是亨利·洛吉，尼克松的竞选搭档。约6星期后，投票开始，尼克松和洛吉以仅仅113,000票的一线之差败选。投票总量是67,000,000票，票数差额仅仅是五百分之一，也就是说，即使这场辩论只是让很少一部分人认为尼克松不胜任这份工作，它实际上也逆转了这场选举。

真正有趣的是，虽然像洛吉这样看电视的人觉得尼克松搞砸了一切，但有一大群共和党要员的感受却完全不同，比如说，厄尔·马祖，《纽约先驱论坛报》国内政治版记者，同时是尼克松的坚定支持者，他和11位州长以及工作人员当时都在阿肯色州的温泉城参加"南部州长会议"。他们举办了一个总统辩论聚会，一同关注这一盛事。在场所有人都觉得尼克松棒极了，那为什么他们的感受和洛吉如此不同呢？他们是通过广播收听了这场辩论，因为电视直播在阿肯色州推迟了一小时。

当马祖谈起辩论广播时，他表示："与肯尼迪那相对尖细的声音和他那波士顿—哈佛口音比较，尼克松低沉洪亮的嗓音传达了坚定、自信、决心和一切尽在掌握的从容。"但当电视信号到来时，马祖和州长们打开了电视，又看了一遍头一个小时的辩论。之后马祖便改变了看法，他说："在电视上，肯尼迪看起来更敏锐、更克制、更坚定。"费城一家商业广告研究公司森德林格公司的研究确认了这一判断。根据行业期刊《广播》（*Broadcasting*）的一篇文章显示，在广播听众中，尼克松拥有一半以上的支持率，而在电视观众群体中，肯尼迪具有绝对优势。

森德林格公司的研究由于没有庞大的科学样本支持，从来没有在科学期刊上发表过。这个话题就这样搁置了40年，直到2003年，一位研究员招募了171名在明尼苏达大学上暑期学校的学生，并将他们分为两组，一组听广播，一组看电视，之后让学生们评价这场辩论。作为实验对象，这群学生有一个显著的特征，那就是他们对政治都不感兴趣，或者对这场辩论抑或美国大选几乎一无所知。对于1960年的美国选民来说，尼基塔·赫鲁晓夫这个名字有着很重要的意义，但是对这群学生而言，他听起来就像是某位冰球运动员。可是，他们对这场辩论的看法和40年前的选民们一般无二：相比听辩论的学生，观看辩论的那些人明显更倾向于肯尼迪。

外貌到底有多重要

很有可能，我们大家都像1960年美国大选选民一样，在某些时候根据一个人的外貌做判断。我们投票选总统，也在生活中选配偶，选朋友，选汽车修理工，选律师，选医生，选牙医，选卖家，选雇员，选老板。一个人的外貌对我们到底有多么重要的影响呢？我不是说"美貌"——我说的是一种更微妙的东西，比如看起来睿智、老练、高雅、有能力。投票选举是一个很好的探索外貌影响的切入点，因为研究投票选举不仅数据充足，还有足够的资金支持。

在一组实验中，加利福尼亚的研究人员们制作了虚构的议员选举传单，每一张传单上都是一个民主党候选人PK一个共和党候选人。当然，这些候选人都是假的，传单上的黑白照片都是研究人员雇模特拍摄的。一半的模特看起来有能力胜任这项工作，另一半模特看起来则没有那么有能力。这些模特看起来有能力与否，并不是研究人员自己凭空想出来的，他们在前期招募了志愿者，对每位模特看起来是否有能力做了评估工作。于是，研究人员将一个看起来有能力的人和一个看起来能力不足的人放在一张传单上竞争，以此研究相貌是否会决定选票。

传单上除了每个（假）候选人的姓名和照片外，还有党派信息、教育背景、职业、政界资历以及三行竞选自我陈述。为了减少党派偏好影响，一半的选民看到的是看起来有能力的共和党候选人，一半的选民看到的是看起来有能力的民主党候选人。本质上来说，影响选民选择的应该只有实质性的信息。

研究人员招募了200个志愿者扮演选民的角色，他们告诉志愿者们竞选传单展现的都是真实的候选人信息。他们同样就实验目的方面迷惑了志愿者，告诉志愿者们实验是为了研究当面对所有候选人的等量信息时，人们会选谁。科学家们告知志愿者，他们只要快速浏览一下传单，从每张传单中选一个他们看着最顺眼的人就可以了。"外貌协会效应"得到了充分发挥：长相优越的候选人赢得了59%的选票，这在现代政治中已经是压倒性的胜利了。事实上，大萧条之后，唯一一个大差额赢得选举的总统是林登·约翰逊，在1964年以61%的优势击败了他的对手戈德华特，而在那场选举中，戈德华特被描述为一个急于领导美国打一场核战争的人。

在第二个实验中，实验方法是类似的，不同的是这一次扮演候选人的模特有所改变。在第一个实验中，候选人都是男士，以看起来是否胜任为标准。而这一次，候选人都是女性，她们的相貌被认为是中等的，不美也不丑。科学家随后找了一个好莱坞妆师和一个摄影师，为每个女性候选人塑造了两个形象，一个看起来更有能力，另一个看起来能力欠佳，并拍下照片。在这场虚拟的选举中，一个貌似有能力的女人和一个看起来能力欠佳的女人的照片总是放在一起进行对比。结论是，看起来更像一个合格的领导人能多给你带来15%的选票。

我认为这些研究的结果令人喷饭，也令人警醒。实验结果显示，在人们真正切入正题之前，比赛就已经结束了，因为单是相貌一项就给了某位候选人一剂强心针。在选举进程中有那么多重要的事件，因此很难相信一个人的外貌就可以夺走我们的选票。对这项实验的一个批评便是，这些研究中的选举都是闹着玩的。这些实验可能证明了令人信服的外貌可以帮助候选人，但实验者说不清楚影响到底有多大，是不是很容易被抵消。同样，肯定有人表示一个立场坚定的选民是不会被外貌所迷惑的。那么，在现实社会中，相貌这一现象真的足以影响选举结果吗？

2005年，普林斯顿的研究员们搜集了2000年、2002年和2004年美国参议院的95场竞选和众议院的600场竞选的获胜者和第二名的黑白证件照。随后他们募集了一群志愿者，要求他们瞥一眼照片后根据候选人的能力对他们进行评估。如果志愿者认出了他们中的某个人，此项数据作废。结果令人惊讶：志愿者认为看起来更有能力的候选人赢得72%的参议院选举和67%的众议院选举，比加利福尼亚实验室的成功率还高。随后，2006年，科学家们进行了一个更加惊人——如果你仔细想想，更加令人沮丧——的实验。他们将"凭外貌评判能力"的实验提前到了选举得出结果之前，然后成功预测了选举结果。他们的预测精准得吓人："看起来"更有能力的候选人赢得了69%的州长大选和72%的参议院选举。

我如此详细地阐述这些和政治有关的实验，不仅仅是因为这些实验本身就很重要很伟大，而且因为，就像我之前所说的，这些实验大范围地透视了我们的社会交往和互动。在高中，我们选班长也可能基于外貌，但想到我们已经长大，已经脱离了外貌协会，也是一件不错的事，然而事实是，想摆脱我们潜意识的控制并不那么容易。

查尔斯·达尔文在他的自传中写到，因为他的长相，特别是他的蒜头鼻，他曾经差一点失去登上贝格尔号舰（Beagle，达尔文曾乘贝格尔号舰做了历时5年的环球航行，对动植物和地质结构等进行了大量的观察和采集）的机会。达尔文曾开玩笑地用他的鼻子作为例证反对"智慧设计论"（intelligent design，一种反对达尔文的"自然选择论"的学说，该理论认为宇宙及生命的复杂性是智慧以至高造物主的形式造就的），他写道："你诚实点儿告诉我，难道我这奇葩的鼻子，也是造物主亲授的吗？"贝格尔号船长不想让达尔文上船，因为他坚信，你可以从一个人鼻子的形状判断一个人的性格。他觉得，一个人如果有了达尔文那样的鼻子，就根本不可能拥有"这次旅程所必需的旺盛精力和坚定意志"。最终，达尔文还是上了船。

在《绿野仙踪》的最后，多萝西和她的朋友们找到了伟大的魔法师奥兹，将邪恶的西方女巫的魔杖献给他。当他和他们说话的时候，他们只能看到火苗和烟雾，以及浮动在空中的奥兹的脸，他的声音隆隆作响，充满权威，吓得多萝西和她的同伴们浑身发抖。多萝西的小狗托托却突然跑上去将帘子拉到了一边，大家惊讶地发现原来无所不能的魔术师只是一个长相普通的人，拿着麦克风说话，同时操纵着控制杆发射烟火。他猛地把帘子拉上，并告诫说"不要在意帘子后的人"，但是他的把戏已经被揭穿，多萝西发现伟大的魔法师只是一个和蔼的老人而已。

每个人的人格面具后都有一个男人或女人。在社会交往的过程中，我们和一小撮人保持了亲密关系，他们允许我们稍许掀开帘子，看看他们的内心世界，这一小撮人包括我们的朋友、亲近的邻居、家人甚至是宠物狗（虽然肯定不会是宠物猫）。但是，我们遇到的大部分人都不会让我们拉开帘子，第一次见面时还会将帘子拉得紧紧的，所以，我们就会倾向于以一些表面的特质来判断别人，比如声音、长相、表情、姿势或其他非语言特征，就像我们之前所讲的那样。每天我们都会认识新的人，并做出判断，类似于"我信任这个保姆"，"这个律师挺靠谱"，"这个男人看起来就像那种会轻抚着我的背，陪我吃烛光晚餐，念莎士比亚的十四行诗给我听的人"。

如果你是应聘者，你握手时的态度会影响面试的结果；如果你是销售人员，你和客户眼神交流的程度会影响客户满意度；如果你是一名医生，你的语调不但会影响病人对你的评价，也会影响到万一出事了，他们起诉你的几率。我们人类在意识的层面比燕八哥要高级，但在内心深处，我们也有燕八哥的一面，完全不受意识的逻辑影响。"做个真正的人（to be a real human being）"这句话意味着要有感情地生活，人类的天性便是了解他人的感情和意图，而这种能力正是我们人类与生俱来的。

SORTING PEOPLE AND THINGS

第7章

物以类聚 人以群分

如果我们将看到的每样东西都当作独立的个体平等对待，那我们早就头晕眼花了。

——加里·克莱因（Gary Klein）心理学家，《直觉的力量》作者如果你给一个人念一份有十多件物品的清单，这些物品都能在超市买得到，他也许只能记住几样东西。如果你再念一遍，他会记住更多。让他完全记住的更有效的方法则是，将这些物品分类念给他听，比如蔬菜、水果、谷物等。研究证明，我们前额皮质中有专门负责分类的神经元，分门别类是我们的大脑更有效率地处理信息的方式。还记得前面提到的舍雷舍夫斯基吗？那个拥有超凡记忆力，但是识别人脸却很困难的人。在他的记忆里每个人都有很多张脸庞——不同角度的脸，不同光线下的脸，不同表情的脸，以及情感的炽热度不同导致的存在细微差别的脸。舍雷舍夫斯基的大脑中存储的人脸百科全书多到难以检索，导致他识别一张新面庞并将其与记忆中的旧面庞相匹配——这是分类的本质之所在——变得十分繁重且缓慢。

世界上所有物体和人都是独一无二的，但是如果将所有的独一无二都记在脑海中，我们早就当机了。如果大脑在我们看到每样东西时都将其作为一个个体来判断，我们早就被一只熊吃掉了，边被吃还边思考这个独特的带毛的动物和上次吃掉鲍勃叔叔的那个是不是一种东西。而事实是，我们只要见过一只狗熊吃了我们的亲戚，整个熊类的名声就都臭了。所以，多亏了我们的分类思维法，当看到一只毛发蓬乱、尖牙利齿的庞然大物，我们就不会继续在其周遭逗留了，我们会自动得知它是危险的，需要快速离开。同样的，当看到几把椅子，我们自动得知这是一个四条腿、有靠背的东西，是用来坐的；或者，当我们看到前方行驶车辆的司机在疯狂地挥着手，我们会自动判断最好离他远点儿。

以"熊"、"椅子"和"疯狂的司机"等类属的方式思考可以帮助我们更快更有效地生活，我们首先关注一个物品的显著特征，其次才会考虑其独特性，分类是我们最重要的一种行为。

分门别类其实没有那么容易，我们很容易忽视分类的重要作用，因为这一切都是飞速地、在潜意识中完成的。比如说，想到食品时，我们会自动将苹果和香蕉放在一类，虽然它们的外形不尽相同，但是我们不会将苹果和红色的台球分为一类，虽然它们更相像。一只白色波斯猫和白色泰迪犬虽然颜色和大小相近，一只古代英国牧羊犬（就是多乐士油漆广告里那只）虽然体形庞大、黑白相间、毛发蓬乱，但一个孩子也知道波斯猫是猫科的，而泰迪和古牧是犬科的。要想知道分类的过程究竟有多复杂，看看这个就知道了：就在几年前，计算机科学家才终于设计出一个庞杂的系统，用来教电脑如何分辨狗和猫。

就像之前的案例所示，人类分类时遵循的一大原则便是放大某些特征的重要性，同时忽视其他的相关性，但是我们的理性之箭也有可能往反方向飞去，比如，我们会认为属于一类的东西越看越像，而异类的东西越看越不像。给事物分类会影响我们对它们的判断，因此，虽然分门别类是一条无比重要也再正常不过的捷径，但就像人类大脑为了谋生存而创造的其他捷径一样，都是有缺陷的。

针对分类产生错乱的早期研究是非常简单的。受试者被要求估量8条线段的长短，最长的线段比次长的线段长5%，同样，次长的线段比第三长的线段长5%，以此类推。研究员要求一半的受试者以厘米为单位估量每个线段的长短，另一半受试者看到的线段被分为两组，较长的四条被标为"A组"，较短的四条被标为"B组"。研究发现，一旦线段被分了组，受试者的判断就变了。他们认为一组内的线段长度区别比实际的区别要小，而两组之间的长度区别比实际的区别要大。

类似的实验证明在其他情境下，结论同样正确。在一个实验中，判断长短被替换为判断颜色，志愿者看到的是颜色不同的字母和数字，并被要求判断"红色的深浅"。得到的结论是相同的——志愿者认为根据颜色深浅分组后的样本中，组内对比差距更小，组间对比差距更大。在另一项实验中，当某个城市的居民被要求说出6月1日到30日的温度差时，他们会低估此数字；当被问及6月15日到7月15日的温度差时，他们会高估此数字。虽然时间间隔是相同的，但日期和月份的分类干扰了我们的判断。

在以上所有的例证中，我们只要分类，就会走极端。属于同一类的事物在武断的人类看来就是更相像，但那些不同类的事物看起来就是不太像。我们的潜意识将模糊不清的细微差别转化为明确清晰的类别，目的是去除无关的细枝末节，保留必需的重要信息。如果这一过程很顺利的话，我们的生活就变得更简单、更轻松。如果这一过程并不顺利，我们的感知力就会受到影响，对人对己也许都不利，特别是当我们给"人"分类时——当我们以自己认定的标准，而不是他们的本质特性看待医生、律师、某一球队的球迷或是某一种族的人的时候，情况便尤其危险。

种族歧视根深蒂固

加利福尼亚的一位律师曾写到一个萨尔瓦多（Salvador，位于中美洲北部的一个国家）年轻人马提奥的案例。他是某个包装盒生产厂里唯一的有色人种，老板拒绝提拔他，随后又以"习惯性地拖延"和"过于悠闲"为由将他开除。那人说其实工厂的其他工人也是如此，但他们的拖延行为就被选择性地视而不见了。老板能理解其他人有时候因为家人不舒服、小孩突然有事或者车突然坏了等原因迟到，但是如果他这样做，就是懒惰。他的缺点被扩大了，他的成绩不被承认。我们永远也不会知道他的老板是不是真的忽视了他的优点，随意将他归入"西班牙裔"的大类别里，并刻板地解释他的行为。当然，老板本人坚决否认了这种猜测，他说："马提奥是什么族裔的人，对我来说没有任何区别，我根本没有注意到这一点。"

"刻板（stereotype）"这个词是1794年由法国印刷世家成员之一福尔明·迪道特（Firmin Didot）发明的，最初指的是"铅版印刷术"。铅版印刷术使书籍和报纸可以在多个印刷机上同时印刷，从而开启了大规模印刷的可能。"stereotype"第一次作"刻板成见"讲是在美国记者、知识分子沃尔特·李普曼（Walter Lippman）于1922年出版的《公众舆论》（*Public Opinion*）一书中。在书中，他对大众媒体的影响尤为担忧。他写道："我们的生活环境实在太庞大，太复杂，稍纵即逝，以至于我们很难直接接触到事实……所以，我们要生活在这个环境中，就不得不对其进行重构，将其模块简化。"那个简化后的模块就是他所说的"刻板成见"。

李普曼认为人们的刻板成见形成于未知文化的大量涌入。他所生活的时代是一个报纸和杂志大量发行的时代，同时诞生了一种新媒介——电影，这些媒介都在以前所未有的速度和广度向观众灌输信息和概念，向公众提供了非常广泛又深刻的对世界的全新体验，但它们对世界的刻画又不够精确，没有真实的世界细腻入微。特别是电影，向观众呈现了生动的、活灵活现的生活场景，但里面全是固定不变的、笨拙的模仿。事实上，在电影发展早期，电影制作人是靠沿街搜索找"性格演员"的，即极容易辨认的人物类型。正如与李普曼同时期的心理学家雨果·蒙斯特伯格所说："如果制片人需要一个自以为是的胖酒保，或是一个卑微的犹太小贩，或是意大利街头手风琴师，他不会依靠假发和化妆，他会直接去纽约东区找他们。"性格演员的各种经典造型对电影制作人员来说方便又省事——我们一眼就能认出他们的角色——但是他们的频繁出现加深了人们对他们所代表的类型特征的认识。

虽然以种族、宗教信仰、性别、国籍等将人分类比较常见和明显，但我们也从其他方面对人进行分类。我们每个人都有这种经历，觉得运动员就要有运动员样儿，银行家就要有银行家样儿，我们会根据职业、外貌、种族、受教育程度、年龄、头发颜色甚至是开什么车来对人们进行分类。16到17世纪的有些学者甚至根据长得像什么动物来给人分类，如后图所示。该图来源于《相面术》（*De Humana Physiognomonia*），意大利学者吉姆贝特缇斯塔（Giambattista della

以人类面貌与某种动物的相似度为标准进行的分类，承蒙美国国家医学图书馆提供。

Porta）于1586年所著的有关性格的实用指导书。

　　在爱荷华城的一家大型折扣商店里，一场更加现代的以貌分人的大戏上演了。一个胡子拉碴、穿着打着补丁的蓝色工装、满身泥土的人把一件商品藏进了自己的口袋里，不远处的一位顾客看到了这一切。不一会儿，一个西装革履、衣冠楚楚的人做了同样的事情，被另一位顾客看到了。那一天，这两件事情一遍又一遍地上演。在旁边的商店里，同样的情景也发生了上百遍，那情形就像是一个旅的小偷都涌入了这个城市，洗劫了商店里便宜的袜子和难看的领带。然而，这一天并不是"国际小偷聚会日"，这是两个社会心理学家的一项实验，他们得到了商店的全力支持，目的是分析偷窃者的社会分类对旁观者态度的影响。

偷窃者都是研究人员指派的。在得手之后，"小偷"便会走开，让目击者依然能看到他，但听不到对方讲话。然后，打扮成店员的另一位研究人员接近了目击者，开始整理货架，这就让目击者可以很方便地报告这起偷窃行为。目击者看到的行为是相同的，但是他们的反应却并不相同，针对衣冠楚楚人士的报告比针对邋遢的人的报告要少很多。更有意思的是，目击者在向店员报告偷窃时的态度，他们会对这起偷窃行为加以渲染——根据偷窃者的社会属性，而不是单纯地以偷窃者的行为为评判标准。他们在报告衣冠楚楚的人偷窃的时候神情犹豫，欲言又止，但在揭发衣冠不整的人的时候，则主动热情，夸大其词，代入浓烈的感情色彩："那个狗娘养的刚刚把什么东西塞在衣服下面了。"就好像那人沾满泥土的衣着能够发出"无恶不作"的信号，暗示着他的灵魂就像他的衣着一样肮脏不堪。

我们可能会认为，我们把他人当作个体来对待，会根据他人的独特个性评价他们。通常我们都是成功的，但当我们和某人不是很熟的时候，我们的意识会自动以其社会类属做出判断。之前我们讨论过大脑是如何填补了眼睛没有看到的空白，同理，当我们只能记住一个粗略的框架的时候，大脑会自动将其填补为一幅生动的画面。在以上的例子中，潜意识接收到的信息都是不完整的，它会用前后情景、上下文或其他线索做出可靠的推断，并将其补充完整。补充后的结果有时是精确的，有时则不尽然，但我们总会坚定地相信它。在判断陌生人的时候，大脑也会根据其中储存的人物类型的数据做出类似的补充。

人在分类时表现出的感性认识往往归根于偏见，该理论由心理学家亨利·泰菲尔（Henri Tajfel）提出。泰菲尔是一个波兰商人的儿子，如果不是所属的种族有点特殊的话，他有可能会成为一名普普通通的化学家，而不是社会心理学先驱。泰菲尔是犹太人，这决定着至少在波兰，他是不被允许上大学的。随后，他去了法国，并学习了化学，但他本人对此毫无兴趣。同事们说，他真正感兴趣的是"品味法国文化，像个巴黎人那样生活"。然而，第二次世界大战的爆发打乱了他的赏味生活，1939年11月，他参军为法国而战。这个浪漫的故事以最不浪漫的方式结尾——他被抓进了一个德国战俘营中。在那里，泰菲尔见识到社会分类中最极端的一面，直接为他日后研究社会心理学奠定了基础。

德国人想知道泰菲尔到底属于哪个社会群体，法国人？法裔犹太人？还是别的地方跑来的犹太人？纳粹不把犹太人当人看，但他们也对犹太人的血统进行辨别，就像酒商根据酒庄辨别美酒一样。是法国人意味着被当作敌人，是法裔犹太人意味着被当作畜生，而承认是波兰裔犹太人则意味着迅速被处死。就像泰菲尔之后写到的，无论他的性格能力如何，无论他和抓住他的那个德国人私交有多好，一旦他的身份被识破，作为一个波兰裔犹太人，他的命运就已经注定。所以，在艰难模式的选择中，泰菲尔选择了中间那一档——此后的四年中，他都装作是法裔犹太人。他于1945年获释，同年5月，他"与数百人一同坐着一班特殊的火车到达了巴黎的奥赛火车站，很快就发现，他参军前认识的几乎所有人——包括他的家人——都已经不在世了"。接下来的六年里，泰菲尔为难民服务，并不停思索着分类的逻辑，刻板成见的由来，以及偏见是怎样形成的。心理学家威廉·彼得·罗宾逊（William Peter Robinson）表示，时至今日，上述问题的理论解释"几乎无一例外地来源于泰菲尔的研究和实验"。

不幸的是，正如其他先驱者的工作一样，泰菲尔的研究在几十年后才受到重视。在20世纪80年代，还有很多心理学家将种族歧视看作是有意识的、有目的的行为。事实上，种族歧视是由正常的、无可避免的认知行为引起的，是与大脑的分类属性密切相关的。转折点发生在1998年，华盛顿大学的三个研究员发表了一篇论文，表明"'含蓄的'刻板成见是规则而不是例外"，很多人认为这篇论文为这一理论盖棺定论。该文提出了一个基于电脑的"内隐联想测验"（IAT），这个测试可以帮助判断一个人潜意识中如何利用某些特征为其他人分类，因此成为了社会心理学的标准工具，并引发了社会学家看待刻板成见的革命。

偏见是如何产生的

在前述那篇论文里，IAT的发明者们要求读者进行一个思维实验。假设你面前有一组词，都是男性或女性亲戚，比如"哥哥"或"姑姑"。当你看到一个男性亲戚的时候，你要说"你好"。当你看到一个女性亲戚的时候，你要说"再见"（你会在电脑屏幕上看到字，通过按键作答）。在回答过程中，你要做到越快越好，尽量少犯错误。参与这个实验的大部分人都觉得很简单，容易掌握。随后，研究员要求你重复这个实验，不同的是，这次出现的是男人或女人的名字，比如"迪克"或"简"。

这些名字都是正统的男名或女名，不会引起歧义，但这些实验都是小前奏。

真正的实验是这样的：第一阶段，你看到的有可能是名字，也有可能是亲戚。当看到男名和男性亲戚的时候，你要说"你好"。当看到女名或者女性亲戚的时候，你要说"再见"。这个任务比之前的练习要难一些，但也不是太大的负担。研究员关心的是你做出每个选择需要用多长时间。下文中有个列表，亲自试一试吧。你可以在心里默读，免得吓到身边的人（记住：你好=男名或男性亲戚；再见=女名或女性亲戚）。

约翰，琼，弟弟，外孙女，伊丽莎白，女儿，麦克，侄女，理查德，莱昂纳德，儿子，姑姑，爷爷，布莱恩，唐娜，父亲，母亲，孙子，加里，凯茜。

下面是第二阶段。你面前同样是名字或亲戚的名单，但是这一次，你看到男名和女性亲戚的时候，说"你好"，而看到女名和男性亲戚的时候说"再见"。同样地，你判断所用的时间长短是实验的关键。试一试吧（你好=男名或女性亲戚，再见=女名或男性亲戚）。

约翰，琼，弟弟，外孙女，伊丽莎白，女儿，麦克，侄女，理查德，莱昂纳德，儿子，姑姑，爷爷，布莱恩，唐娜，父亲，母亲，孙子，加里，凯茜。

人们在第二阶段的反应时间比第一阶段的时间要长一些，第二阶段平均要用0.75秒，而第一阶段通常只用0.5秒。要想知道其背后的科学道理，我们需要从分类的角度入手。你需要考虑4种分类方式——男名，男性亲戚，女名，女性亲戚，但是这4种方式并不是独立的。男名和男性亲戚是关联的——它们都是指向男性的。同样，女名和女性亲戚是相互关联的。在第一阶段，你的活动是与这种关联性一致的——把男性总结到一起，女性总结到一起。然而，在第二阶段，你需要打破这种关联，见到男名和女性亲戚是一种反应，见到女名和男性亲戚是另一种反应。这很复杂，而正是这种复杂性占用了大脑资源，让你的思考慢了下来。

这就是IAT的关键所在，当你要做的分类与大脑中储存的关联性是一致的，你会事半功倍；当你必须打乱头脑中的关联性时，便会事倍功半。所以，通过实验的两个阶段中你分类所需的时间差别，研究者就可以探究人类将某些特征和社会类属关联在一起的程度如何。

比如说，把女性和男性亲戚换成理科和文科。如果在男人与理科、女人与文科之间，你的大脑没有形成关联，那么，看到男名和理科术语说"你好"，看到女名和文科术语说"再见"，以及看到男名和文科术语说"你好"，看到女名和理科术语说"再见"，这两者对你来说根本没有区别。也就是说，实验的第一阶段和第二阶段是没有区别的。然而，在女性和文科、男性和理科之间，你的脑部有着强烈的关联（大多数人都是如此）的话，那么两个实验阶段中你的反应时间就会有很大不同。

科学家所做的类似实验得出的结果同样惊人。比如，他们发现至少有一半人认为理科就应该和男性联系在一起，文科应该和女性联系在一起，虽然他们都没有意识到自己有这种偏见。事实上，IAT的结果和人们意识层面上的自省之间的差别很大。举例来说，研究人员向受试者展示了如下4种意象：白种人的面庞，黑种人的面庞，恶意的语言（坏透了、失败、邪恶、肮脏等），善意的语言（和平、快乐、爱、愉悦等）。如果你大脑中有"白种人好，黑种人不好"这样的关联，那么当你不得不将善意的语言和黑种人的面庞、恶意的语言和白种人的面庞联系起来的时候，你分类时所需的时间就更多。70%参与此实验的人头脑中有这种关联，很多人得知自己潜意识中有这样的想法之后惊骇莫名。IAT结果显示，甚至有些黑人在潜意识中也有"白种人好"这种想法，沉浸在一个对非裔美国人充满偏见的社会文化里，你很难摆脱这种印记。

虽然你对他人的评价看起来是充满理性、经过深思熟虑的，但实际上它受自主运行的潜意识的影响很深，即腹内侧前额皮质控制的感情调节功能。研究证明，腹内侧前额皮质受到损伤会消除潜意识中有关性别的刻板成见。正如沃尔特·李普曼所说，我们所居住的社会导致我们无法抗拒大脑自主吸收这些分类，它弥漫在新闻、电视节目、电影，以及我们文化生活的方方面面。由于大脑是自动分类的，因此我们很容易受到由分类引发的偏见的影响。当然，分门别类的能力，对我们来说其实是天赐福音，是它使我们能够分清公交车司机和售票员、商店店员和顾客、护士和医生的区别，以及我们在日常生活中遇到的所有陌生人的某些特征。如果没有这种能力，我们每见到一个人，便要停住脚，低头冥思苦想他是干什么的。我们需要做的，不是去除分类的能力，而是摆脱刻板偏见，看到人的本质。

做到客观公平到底有多难

社会类属性思维带来的偏见由来已久，即使是为弱势群体奔走呼吁的人士也无法摆脱其影响。看看一位著名的追求平等的人士所说的话：

　　欧洲人始终试图将堕落的习性强加在我等身上，而我们始终坚持不懈地反抗着他们的暴行。欧洲人想让我们变得像非洲黑人一般堕落……那些黑人唯一的梦想便是攒几只牛，拿去换个老婆，然后在懒惰和赤身裸体中度过一生。

　　你能想到吗？说这话的人居然是圣雄甘地。再看看革命家切·格瓦拉，美国著名刊物《时代周刊》评论他说，他离开故土，"为的是解放地球上所有的穷人"，并帮助推翻了古巴独裁者富尔亨西奥·巴蒂斯塔的统治。那么，这位备受压迫的古巴贫民的捍卫者是怎样评价美国穷苦的黑人呢？他说："那群黑鬼懒惰又轻浮，花钱大手大脚，但是欧洲人就目光长远，有条不紊，思维敏捷。"再来看看这位著名的民权运动领导人的讲话：

　　　　我必须说，我过去、现在和将来都不会倡导白人种族和黑人种族之间的社会和政治的平等……白人和黑人天生就不同，我认为这种差异永久性地阻止了两个种族共同生活，并在社会和政治权利方面享有平等……就像很多人一样，我自己也倾向于赋予白人更高的地位。

　　这是亚伯拉罕·林肯于1858年在伊利诺伊州查尔斯顿的一场辩论中发表的言论。林肯在他的那个时代已经是进步人士了，但他依然认为社会分类是永恒存在的。在这方面，我们已然取得了很多进展，至少现在，在很多国家，很难想象一个正经的国家公务员会发表如林肯当年一般的言论。现在，我们整体的文化氛围已经进步了很多，大多数人都认识到如果因为社会分类的缘故就剥夺某人的某个机会，是非常不公平的。然而，对潜意识层面的偏见的认识，我们才刚刚开始。

不幸的是，虽然科学界已经认识到了刻板印象是潜意识层面的，但法律不承认，比如在美国，如果有人报案称因种族、肤色、宗教、性别和国籍等原因受到了歧视，不但要提供他们受到不平等对待的证据，也要证明该歧视行为是有目的性的。毫无疑问，有些歧视行为确实是有目的性的，但表里如一的人总是不多。科学界给法律界出的难题就是突破现有条例，将潜意识的歧视纳入法律管辖范畴。

我们也可以从自身做起，消除潜意识歧视。研究证明，潜意识层面的分类行为可以被意识所左右。如果我们能认识到我们的偏见，并积极地去克服它，我们是可以成功的。比如说，对犯罪审判的研究就揭示了人们对相貌的偏见是可以通过例行公事来克服的。众所周知，被告的长相与其所受到的惩罚之间有一定联系，然而，只有在处理如交通违法犯罪或小偷小骗等轻罪时，长相好的人才会受到相对宽厚的处理，在谋杀等重大犯罪审判时，就不适用了。

潜意识在做出判断时，严重依赖大脑的分类机制，而我们深思熟虑的、理性的思维模式则总是与潜意识竞争，让我们摆脱分类模式，看透人的本质。当两种意识在打架时，我们是以社会类属看待某人，还是以其本质看待某人，就像一个天平一样左右摇摆。审判罪犯时便是如此，重大犯罪通常需要更长时间、更细致的调查研究，对被告的了解随之增多，就在意识的一边增加了砝码，长相好的因素就被忽略了。

如何消除潜意识偏见

如果我们想克服潜意识偏见，就需要做很多努力。一个好方法是从现在开始仔细观察我们要判断的人，虽然他们并没有犯谋杀罪，仅仅是向我们要一份工作、一份贷款或一张选票。与某一类别的人多加接触可以显著减少我们心中对他们的负面印象。

我最近的一个经历就证明了此点。我母亲近日住进了养老院，养老院里的老人大多都已90高龄。由于我之前很少与如此高龄的老人接触，因此一开始在我眼里他们都是一样的：白头发，没精打采的样子，靠拐棍过活。我并不把他们看作一个个鲜活的个体，而是一种刻板偏见（当然，不包括我母亲）——反应迟钝、衰弱无力、记忆力不好。

某日我和母亲在养老院的食堂吃饭，与她朋友的谈话使我转变了看法。母亲说有一天下午，她在养老院剪头发，当她仰面躺下洗头的时候，感到一阵眩晕以及头疼。同桌的一位老人说这是一个非常不好的信号，我的第一反应是不屑："她说非常不好的信号是什么意思？占星预言吗？"那位老人解释说我母亲的情况是颈动脉闭塞的典型症状，经常会引发中风，那位老人督促她立即去看医生。我意识到，母亲的朋友原来并不只是90岁的耄耋老人，她是一位医生。当我对其他老人的了解越来越多，我意识到他们每个人都有独特和多变的性格，以及不同的才能。

我们与个性鲜明的个体互动越多，对他们的独特性格了解越多，我们的意识就越有把握对抗刻板偏见，因为个人经历打败了社会宣扬的固定模式，丰富了大脑中分类模式的判断依据。我没有做过IAT测试，但我觉得我对老年人的潜在偏见已经大幅减少。

　　20世纪80年代，伦敦的科学家关注过一个77岁的老人，他患有中风，枕叶下部受到损伤，他的运动神经和记忆都没有受到影响，而且说话和视力都正常。总体来说，他的认知能力是正常的，只有一个问题：当看到两个作用相同，但外观不同的东西——比如说，两辆不同的火车、两把刷子、两个杯子时——他无法发现它们之间的联系。他也不理解，a和A其实是同一个字母。所以，这位老人的日常生活受到极大影响，连在桌子上摆上餐具这么简单的事情也做不了。

　　科学家说如果没有分类的能力，人类这个种族就无法生存。我的结论更进一步，没有分类的能力，我们作为一个个体也无法生存。在这一章里，我们谈到了分类，就像大脑的其他潜意识活动一样，既有好处又有坏处。在下一章里，我们将研究，当我们给自己分类时，会怎么样；当我们和其他个体互动时，我们如何定义自己，而这又如何影响我们看待以及对待群体内和群体外的人的方式。

IN-GROUPS
AND
OUT-GROUPS

第**8**章

内群体和外群体

任何一个群体……都有其标志性的生
活态度、行为准则和信仰。

—— 高尔顿·奥尔波特（Gordon
Allport），美国心理学家

在俄克拉荷马州东南部一片密林里，繁茂枝叶环抱着的是"强盗山洞"公园（Robbers Cave，也有译作"罗伯斯山洞"）。这个公园名字来源于杰西·詹姆斯（Jesse James）——美国19世纪著名的银行抢劫犯，他曾经把这里当作藏身处。至今，这里仍然是一个遁世的好去处。在密林中坐落着两个大木屋，它们因崎岖的地形而被有效隔离开了，从任何道路都无从窥视和听到来自对方的消息。一个夜晚，一个营地小组的成员用泥土将脸和胳膊抹成了隐蔽的黑色，然后悄声无息地穿过了森林，打开未落锁的门，袭击了另一个营地正在安睡中的人。这些入侵者无比愤怒，他们为复仇而来，尽管——他们只有11岁。

对于这些未经世事的孩子们来说，复仇其实就是大声辱骂敌人，并且抢走他们珍贵的牛仔裤。在受害者们醒来之前，这些入侵者又迅速地跑回自己的营地了。听起来这和一般夏令营里孩子们的纠纷没什么区别，实际上却很不一样，就在这些男孩们玩耍打斗、聊天进食甚至计划密谋的时候，一队成年人正在私下里秘密监视、窃听、研究着他们的一举一动。

这些男孩们实际上是一个实验的研究对象。研究者煞费苦心地审查了每一个孩子的信息，偷偷观察他在运动场上的举动，追查他的在校成绩。所有的实验对象都来自白人中产阶级家庭，拥有大致持平的智商，信奉基督教，并且都是刚刚五年级毕业、能良好适应学校生活的男生。

研究者们把这些男孩分成11人一组的两队。研究者对将男孩们的身高、体重、体育特长、在同伴中受欢迎的程度，以及在夏令营活动中相关的一些技能逐一作了考虑，并且在分组的时候保持了这些特质的平均分布。男孩们都不知道另外一组的存在，并且在夏令营的第一周都单独活动互不碰面。

于是，在棒球、唱歌以及其他夏令营的常规活动进行中，这些男孩被辅导员密切观察着——实际上，这些"辅导员"就是研究者，他们研究男孩们的行为举止，并且偷偷做下关于这一切的笔记。研究者们感兴趣的是：每一队的男孩们是否会联合起来成为一个紧密团结的团队？这种团结性又是怎么样集结而成的？实际上这些男孩确实自发形成了拥有凝聚力的小团体，两个小组分别为自己选择了一个名字（响尾蛇队和老鹰队）、自己的旗帜，在"喜爱的歌曲、习惯，以及独特的准则"方面与另一小队截然不同。一旦一群人被凝聚在一起作为一个群体，那么，他们就会对另外一个群体的存在做出一定的反应。于是，在夏令营的第一周之后，响尾蛇队和老鹰队被介绍互相认识了。

电影和小说中的故事都警示着我们，当接近另外一组与世隔绝的智人部落时，要加倍小心——你可能来不及辩解便遭遇暴力抵抗，比如切掉鼻子，而不是充满温暖的欢迎和热情的赞扬。物理学家史蒂芬·霍金拥护这个观点，他建议道，当刚接触到异族的时候，最好的决策是警惕他们的存在，而不是一来就引狼入室地邀请他们到家中做客喝茶。人类的殖民历史恰恰对应了霍金的这个观点——当一个国家在另一个国家的海岸上登陆，他们可能宣称自己是带着和平的目的来的，可是我们很快就会发现，枪击和冲突的戏剧已经上演。

在第二周伊始，辅导员告知了队员们另外一组的存在，这两组都产生了类似的反应——用一场体育竞赛来挑战另外一组。双方在接下来的几周内安排了一系列的竞赛运动，包括棒球、拔河、帐篷投球比赛，以及寻宝活动。

很快，响尾蛇队和老鹰队就落入了历史中数不清的、不同派别的摩擦和争战的俗套之中。比赛的第一天，输掉了拔河比赛的老鹰队在回自己营地的途中，看见了球场上高扬的响尾蛇队的队旗。于是，几个因为输掉比赛而郁结于心的老鹰队成员爬上了旗杆，扯下响尾蛇队的旗子，并点火烧了它。当火熄灭之后，老鹰队的队员们又将旗帜重新挂回到旗杆上。"辅导员们"除了偷偷地、尽职地记下笔记外，对烧旗事件并没有任何反应。然后，辅导员组织两队成员参加了会议，并在会议上告知他们，现在需要在棒球和其他的体育活动上比赛。

第二天早饭之后，响尾蛇队被带到了球场上，就在他们等待老鹰队到来的时候，他们发现了自己被烧的队旗。研究者在暗处偷偷观察响尾蛇队的成员们策划报复的全过程，当老鹰队的成员出现的时候，这股怒火终于酝酿成一场大规模的争吵。夏令营的管理员们观察了一阵子，然后出面干涉并平息了这场争斗，但是这份仇恨被延续到了第二个晚上，导致了响尾蛇队的偷袭，以及之后的日子里更多的冲突事件。研究者们建立了本质上并无差别但拥有竞争目标的不同群体。在这样的条件下，研究者希望能够观察到各种由此滋生的负面社会现象的形成和演化；观察眼前正在发生的不同群体之间形成的恶意和仇恨，还有一切我们人类所知的群体冲突所引发的社会病症。今天，那些参与了"强盗山洞"实验的男孩们都到了退休的年龄，但是那个夏天的传奇，以及研究者对于这个实验的分析，至今依然在心理学文献中被频繁引用。

人类总是生活在群落中。如果说仅仅是一场拔河比赛就能引发群体之间蠢蠢欲动的敌意，那么想象一下，当不同的群体——有太多张渴望食物的嘴，却没有那么多大象尸体来提供足够的肉来填满每个人的生存本能欲望，他们之间的敌意又会被加剧到何种程度呢？今天，我们认为一部分战争是由意识形态的碰撞而引发的，但其实，对食物和淡水的渴望就是最强烈的意识形态。早在共产主义、民主主义以及关于种族优劣性的理论诞生之前，比邻而居的人们总是规律性地发动争斗，甚至是大规模的屠杀——都是由对资源的竞争而挑起的。

在这样的环境下，拥有清晰的"我们与他们"（us-versus-them）的概念——也就是，能够明确定义自己的同伴、立场，以及潜伏的竞争对手，对于生存来说是至关重要的。而这个"我们"以及"他们"的概念在人类历史中无疑是高度进化的。但是，就算是在同一个群体之中，也存在着"我们"以及"他们"的区分，史前人类在他们自己的群组中也会形成不同的联盟。今天，深谙职场潜规则令我们非常受用，而在两千年前，群体内这些人际关系却关系着谁将获得食物，得到更大的生存几率。

科学家们把一个人经常参与的或在其间生活、工作、进行其他活动的群体称为"内群体"（in-group），由他人结合而成与自己没有什么关系的群体则是"外群体"（out-group）。"内群体"和"外群体"并不代表一个人在群体中的受欢迎程度，而是仅仅用于"我们—他们"这样的身份区分。我们对"内群体"和"外群体"的区别待遇是自发性的，无论我们是不是有意识、有目的地去区分或者歧视那些"外人"。在上一章我讲到当我们将他人放进自己定义的不同类别中时，这些分类是怎么样影响我们对他们的评价，同样的，将我们自己放进"群体内"或者是"群体外"这些类别一样会产生难以自知、难以抗拒的影响——影响着我们对自己社会地位的看法，也影响着我们看待别人的方式。

我们都同时属于多个"内群体"，能在不同的情境中自如切换身份。在不同的情况下，一个人会把身份认定为一个女人，一个经理，一个迪斯尼的员工，一个巴西人，或者一个母亲。转换是我们都擅长的一项技巧，这个技巧让我们随时都保持一个愉快的、适应环境的状态，因为我们所认定的内群体是自我形象中的重要组成部分。实验研究指出，当人们热切地立志成为某一个团体的一员时，愿意付出经济方面的更多牺牲来换取对这个群体的归属感，这也就是为什么人们愿意支付昂贵的价格来成为某个私人乡村俱乐部会员的缘故。一位公司总裁曾经告诉我一个非常棒的例子，讲述了人们是怎么样为了一份令人垂涎的内群体身份而心甘情愿放弃钱财的。

在他为手下一名资深制片人升职和提薪之后，另外一名制片人走进了他的办公室。总裁告诉她，现在由于经济预算的限制，暂时还不能为她升职加薪，但是她坚持自己应该得到这次升职的机会，因为她周围的同事们都升职了。对于这位总裁来说，这是一件非常棘手的事情，因为他的行业特别具有竞争性，其他公司虎视眈眈，随时准备挖人，而他并没有足以让所有够资格的职员都升职加薪的资金条件。就在对这个事件的一番讨论之后，他注意到，真正困扰这位员工的不是没有加薪这个事实，而是其他人——甚至资历没有她老的员工，都已经得到了与她同样的头衔。最终，总裁同意妥协——他为她升了职，并且给了她一个新的头衔，但是加薪却要过一阵子才能完成。就像是乡村俱乐部售卖会员资格一样，这位总裁向她提供了一个更高的内群体身份，以此来交换金钱。这也就是为什么，苹果公司愿意花费百万美元投资于市场营销宣传，让苹果产品归类于贴着"聪明、优雅、时尚"标签的"内群体"。

当我们想成为某个私人乡村俱乐部的成员，拥有更高的职位，或是成为果粉时，关于这个"内群体"的其他成员的看法渗透进了我们的思想之中，心理学家们把这些看法称作"群体规范"（group norms）。关于群体规范这个现象所造成的影响，最纯粹的阐释也许还是来自设计"强盗山洞"实验的同一个人——他的名字叫作穆扎法·谢里夫（Muzafer Sherif），一个移民到美国的土耳其人。谢里夫1935年从哥伦比亚大学取得了博士学位，他把毕业论文的议题放在了群体规范对视力的影响上。你或许认为视力是根据客观的生物生理程序所产生的，但是谢里夫的论文却告诉我们，群体规范可以影响那些哪怕是简单到——仅仅是感知一个光点的方式。

在谢里夫的实验中，他将实验对象们领入一间小黑屋里，并且将很小的光点投射在墙面上。过了一会儿，这个小点看起来似乎开始移动了起来——但是，这只是一个错觉。这来源于我们眼球的运动，使得我们在视网膜上的图像也跟着开始摇晃起来。就像我之前在第二章提到的，正常情况下，我们的大脑可以检测到一个场景中所有物件同时发生的摇晃（投映在视网膜中的、所接收的视觉信号所汇聚而成的场景，而不是现实生活中物品真正发生的摇晃），并且"更正"这些摇晃，于是你所感知到的场景是静态而清晰的。但是，当这一个小小的光点被收录入视觉世界的时候，就像一个学者缺乏一篇古文的语境来揣摩一个单词的含义，你的大脑没有足够的信息来进行判断——于是，在一片黑暗里并没有其他的物品作为参照，大脑被小小愚弄了一番，并且告诉你，这个小点是在空间里进行移动的。当你问不同的人，这个点到底移动了多远的时候，你会得到差异惊人的不同回答。

谢里夫将实验对象分成三人一组，然后向他们展示这个光点。谢里夫指示他们，每当观察到这个光点在移动的时候，就大声说出这个点到底移动了多远。一个有趣的现象出现了，在每一个特定的组中，成员们会说出不同的数字，有些高，有些低，但是最终他们目测的数字都会汇集进一个狭小的范围之内，这个范围也就是这个三人小组的"规范"。虽然不同组与组之间的"规范"值相差甚大，但在每一个组内，成员们最终都不需要讨论，就自发达成自己小组的"规范"。而且，当每个组的组员们在一周后被召集回来重复这个实验时，他们得到的结论值几乎就是上一次他们"规范"的复制体——一个非常接近的结果。于是，这些实验对象关于自己"内群体"身份的感知，也就成为了他们自己的感知。

我们为什么更偏爱自己人

把我们自己视作某个群体的成员也就意味着我们自动将周围的人都贴上了"我们"或者"他们"这样的标签。有一些"内群体"成员像我们的家人、同事，或是一起骑自行车的运动爱好者这样，都是我们认识的对象；而另外一些"内群体"成员比如女性、西班牙裔美国人或者老年人，却是以社会这个广义的范围进行定义的。无论我们所归属的是哪一种"内群体"，它都是由多少与我们持有一些共同点的人所创建的。这份共享的经历或者身份让我们感觉命运被编织进了同一条历史的长鞭，驱使着这个群体脚步的方向，并让我们把这个群体的成功或者是失败都当作我们自己的成败。所以，我们自然而然就在心里为内群体成员们预留出了一个特别的席位。

不论我们对自己的人类同伴们喜不喜欢，我们的潜意识总是倾向于对内群体成员的偏爱。假设这个内群体现在指的是你的职业，下面让我们来看一个研究，研究者们要求实验参与者来评估对医生、律师，服务员以及美发师这几个职业的喜欢程度，在1到100的分值范围内进行打分。这个实验的妙处在于，每一个对象自己本人都是一个医生、律师、服务员或者是美发师。实验的结果非常具有一致性——这四个职业中的三种职业给其他职业打分为平均水准，大约就是50左右的喜欢值，但是当他们对自己的职业喜爱程度打分的时候，分数明显要高出很多，大约是70分。唯一的例外是律师，他们给其他职业以及其他的律师都是50分。这个例外或许让你想起了一些关于律师的笑话，而我就没有必要再次重述一遍了。你看，其实道理很简单，在研究者们调查的这四个群体中，律师是唯一的一个常规性地和"内群体"成员对着干的职业。所以，律师这个职业的内群体和外群体是不固定的。今天的官司中一位律师是你的内群体，在后天的案子中，这位律师就成外群体人士了。除了律师之外，研究者们提出，无论是根据宗教、种族、国籍或是工作，我们都有一个与生俱来的偏爱自己"内群体"成员的倾向。研究显示，相同的内群体成员身份是一张王牌——它甚至能够让你喜欢上一个你原来会很讨厌的人。

另一个"内群体—外群体"区分对我们造成的影响则体现在，我们倾向于认为内群体成员比外群体成员更加复杂。举个例子来说，在医生、律师、作家、美发师职业评分的研究里，实验者们要求参与者们评估每个行业内创意、灵活性以及其他特质的个体差异。评分显示，人们认为其他职业中的工作者们都比自己的同行更具均一性。这也就是为什么，正如一些研究者们指出的，白人主管报刊印出"黑人在中东部问题上产生严重分裂"这样的头条标题，就好像所有非洲裔美国人不能拥有共同的想法是多大的新闻一样！但是他们却不会印出"白人在股票市场改革问题上严重分裂"这样的头条标题。

因为我们有更多机会了解群体内的每一个成员，所以认为自己的内群体成员更具多样性这个事实似乎完全有理可循。举个例子，我私下认识很多理论物理学家，对我来说，他们是一个差别迥异的群体。有人喜欢钢琴音乐，有人喜欢小提琴；一些人喜欢读纳博科夫（Nabokov，俄裔美籍小说家、诗人，代表作《洛丽塔》等），而另外一些则喜欢读尼采。好吧，或许从我列举的这些爱好来看，他们之间的差异并没有那么的大。但是假如现在让我闭上眼睛去想象一群投资银行家们，我只认识非常少的几个投资银行家，但在我心目中他们甚至比理论物理学家们更缺乏多样性。我想象中他们都开豪车，只读《华尔街日报》，从不听音乐，更喜欢看电视上的金融新闻（除非新闻带来的是坏消息，那么他们就会关掉它，然后转身打开一瓶价值500美金的红酒）。

让人惊讶的是，"内群体比外群体更具多样性"这样的论断却并不是源于我们对自己所处的群体更多的认识。实际上，仅仅是划分群体这个行为——把人分进"内群体"或者是"外群体"这个行为本身，就足够触发我们的判断了。实际上，就如我们将会看到的，就算这个内群体或外群体的定义完全是人为的——研究者刻意将陌生人随机分配进群体内或者是群体外，我们对自己群体内成员的特殊感情依然固执地存留着。马克·安东尼（古罗马政治家和军事家，恺撒最重要的军队指挥官和管理人员之一）在恺撒遇刺后对人群训话道："朋友们，罗马人们，同胞们，请借你们的耳朵一刻来聆听这一番话。"他其实真正在表达的是："内群体成员们，内群体成员们，内群体成员们……"多么充满智慧的一番修饰啊！

不公益的公益广告

几年前三名哈佛的研究者人员对亚裔美国女性进行了一项复杂的数学测试。这些亚裔美国女性分别属于两个互有冲突的群体——一个被认为擅长数学的群体，以及一个认为不擅长数学的群体。在开始这个测试之前，研究者们要求她们填写一份调查问卷。一部分参与者收到的问卷涉及了她们以及父母祖辈的语言，还有她们的家族在美国生活的时间长短，这么做目的是激起她们将自己定义为亚裔美国人的认知。另一部分参与者要求回答关于男女混住的寝室楼政策，目的则是为了激起她们将自己定义为女性的认知。第三部分参与者，也就是这个实验中的实验对照组，被调查了她们的手机以及网络电视公司的服务。在完成了这些调查问卷之后，实验者们给予参与者们另外一份"调查问卷"。根据这份问卷结果，研究者们判定，最初的那份调查问卷对参与者并没有产生有意识的、可以识别的影响。

尽管如此，她们在随后考试中的表现还是受到了某些潜意识因素的影响。认为自己是亚裔美国人的参与者比实验对照组的参与者表现得更好，而实验对照组的参与者又比被提醒自己女性身份的参与者表现得更好。你的内群体身份影响了你对别人的看法，同时，它也影响了你对自己的看法，行为举止的方式甚至有时候影响了你最终在某项任务中的表现。

我们都同时属于多个群体，而这些群体也许有着互相冲突的规范。举个例子来说，我有时候会抽雪茄，抽雪茄的时候我能感觉到与我的博士导师有一份内群体的联系。我的博导是一个像菲德尔·卡斯特罗（古巴前领导人）以及亨弗莱·鲍嘉（美国电影演员，和英格丽·褒曼一起主演了电影《卡萨布兰卡》）一样的硬汉，同时又是一个像爱因斯坦一样的天才——而这些人都喜欢抽雪茄（没错，爱因斯坦也抽雪茄的）。但当我想到抽烟的行为是危害健康的时候，我能快速掐灭抽烟的欲望，转而投向另一个群体——我父亲以及侄子的群体——父亲死于肺部疾病，而我的侄子则患有令他日益衰弱的口腔癌。

我们经常会看到不同的公益广告，比如谴责在国家公园里随地扔垃圾，或者是非法带走自然遗迹。在其中一则广告中，一位身着传统服饰的美洲原住民，坐着小独木舟划过一条漂满垃圾的河流。在他到达扔满垃圾的对岸时，一个司机在相邻的一条道上开着车渐行渐远，同时往他的车外扔垃圾，而这个垃圾滚到了美洲原住民的脚下，接着拉近了镜头，让观众看见原住民脸上缓缓滑落的一滴眼泪。这条广告直接向我们的良知和思想灌输了反对随地扔垃圾这样一条信念，它同时也向我们的潜意识传达了一条信息——我们的内群体成员，我们那些去公园游玩的同伴们，做出了随地扔垃圾这样的行为。那么，到底是哪一条信息最后胜出了呢？是它的道德呼吁还是关于群体规范的提醒呢？一则直白地谴责了乱丢垃圾的广告成功约束了这样的行为，而另外一条类似的广告包含了"美国人会制造出前所未有的垃圾"这样的话语却造成了更多的乱扔垃圾的行为。一旦有人把随地乱扔垃圾认定是一个内群体规范的话，它会产生与广告原意背道而驰的效果。

在一份相关研究中，研究者们制作了一个标语，谴责游客偷取国家公园中的木材。他们在旅客经过的沿途放置了一些这样的标语，以及一些做过标记的木材碎片，供游客"偷取"，然后他们观察了这个标语可能会造成的影响。他们发现，在没有标语的情况下，那些猎奇的旅客在10个小时内偷走了大约3%的木材碎片。在有这个警示标语的情况下，偷取木材的行为几乎翻了三倍，达到了8%。这样的结果让我们感到疑惑，是不是这些偷盗者在看到了标语后反而对自己说"每个人都这样做，不是吗？那为什么我不能这样做呢"，这似乎是他们的潜意识所接收到的信息。

研究者们指出，这些信息同时也突出了"这种不受欢迎的社会规范是常见的"这样的事实，正是如此，这些信息产生了与本意背道而驰的效果。所以，当一个大学行政人员希望通过告诫学生们"记住！你必须要戒除校园中常见的酗酒现象"来达到警示作用的时候，却实际上将之变成了召唤他们的借口："记住！酗酒行为在校园里是非常普遍的！加入吧！"当我还是一个孩子的时候，我尝试用朋友们的习惯来为自己开脱——比如，当在星期六不去犹太教堂而是和朋友去玩棒球的时候。那时，母亲总会说类似于"如果乔伊跳进火坑里去，你也会跟着做同样的事吗？"这样的话。现在，几十年过去了，我明白或许我应该说："是的，妈妈，研究显示我确实会的。"

盲目的归属感

不论我们是否想要有意识地区别对待，我们对待自己的内群体成员和外群体成员的态度是迥然不同的。在多年研究中，好奇的心理学家们试图找出，一个群体归属感的最低要求是什么？实际上，他们发现，拥有对某个群体的归属感并不需要任何要求——你不需要与其成员共享任何的观点，你甚至不需要与其成员会面。仅仅是知道你属于某个群体，就足够激起你如同"来电"一样的归属感。

在一个研究中，实验对象被要求欣赏一些图片并指出他们更喜欢的作品，这些图片分别是瑞典艺术家保罗·克利（Paul Klee）以及俄罗斯画家瓦西里·康定斯基（Wassily Kandinsky）的画作，随后研究者们把每名实验者标记为康定斯基的粉丝或者是克利的粉丝。这两名画家拥有非常独特的创作风格，但除非参与者是狂热的艺术史学家又专门从事20世纪欧洲前卫派画家的研究，否则他们应该不会对与自己持同样看法的参与者们产生好感。

在给每个实验对象贴上对应的标签之后，研究者们做了一些让人觉得奇怪的事情。他们给每个参与者一篮钱币并且告诉他，可以用自己认为合适的方法与其他的参与者瓜分这一篮钱。分配的这个步骤是在私下进行的，也就是说，任何一个参与者都不认识其他参与者，甚至在实验的整个流程中都不会见到其他的参与者。但是，在他们分配钱币的时候，他们依然对自己的内群体成员——也就是那些与他们一样，更加喜欢克利或者是康定斯基的成员，表现出了明显的优待。

大量的研究得到了同样的结论，我们根据群体而建立的社会身份是非常有影响力的，它让我们歧视"他们"并且偏爱"我们"，哪怕用来区分"他们"和"我们"的规则与掷硬币来决定的行为一样。这个事实不仅仅是在我们的个人生活中有着重大的意义，它也影响着组织机构的运行。举个例子来说，一个公司可以通过培养员工的内群体自我身份认知而获取更大的利益——而这份认知往往是由这个组织独特的企业文化哺育的，这个策略就曾被迪斯尼、苹果以及谷歌这样的公司成功引入和采用。从另一方面来说，如果一个公司的内部部门分别发展了自己强烈的内群体身份的话，对于公司的整体发展也会造成一些不好的影响，因为它可能会造成群体内的偏袒以及群体外的歧视。

研究者提出，群体之间衍生的敌意远比个人之间存在的敌意更容易爆发。很多公司发现，培育客户之间内群体身份认知是一个非常有效的市场营销手段，这也就是为什么消费者们能够通过拥有苹果电脑，或者奔驰、宝马、卡迪拉克为自己定义群体身份。

爱狗的人和爱猫的人，三分熟和五分熟的牛排，洗衣粉和洗衣液——我们真的能够从这些细小的区别之间引申出更广泛的含义吗？每一次实验总是会得到同样的结论，即我们都钟情于"与众不同"这种感觉——优越感，不论这种优越感的立足点是多么的脆弱不堪，也不论这种感觉最后对我们造成的后果是多么的具有危害性。

这个事实听起来是让人沮丧的——哪怕群体分类是毫无意义的，哪怕做出的决定会让群体内成员付出代价，人们依然毫不含糊地选择偏好自己的群体，而不是采取最有利于自己的行为。但是，这不代表我们就此踏入一个永不停息的歧视的世界，我们也能够克服这种潜意识的歧视。

在"强盗山洞"的实验中，谢里夫观察到，增加老鹰队和响尾蛇队之间的接触并没有减少两个队彼此的负面态度，但是另外一个策略却做到了，谢里夫设定了一系列的困难条件要求两个队去共同克服。在其中的一个情境中，夏令营的水源供应被切断了。他宣布了这个问题，并且告诉大家断水的原因是未知的，现在要征集25名自愿者来帮助检查供水系统的问题。实际上，研究者们关掉了供水系统的阀门，并且在阀门上随意堆放了两个大鹅卵石，同时研究者还堵塞了一个水龙头。这些孩子们一起共同努力了大约一个小时，最终找到了问题所在并且解决了问题。

在另一个场景里，两队共同努力让熄火的卡车重新发动起来。给这两队的男孩们一个共同的目标，并且要求他们合作完成一个任务，急剧减少了两队之间的冲突。谢里夫写道："随着互动的增加，成员们行为模式的变化是惊人的。"同样的，如果更多来自不同传统定义的群体中的人——比如那些由人种、民族、社会阶级、性别、宗教信仰而划分的族群——能够在一起工作的话，是非常有利于减少他们互相之间的歧视的。

作为一个住在纽约世贸中心附近的居民，我经历了9·11事件以及之后几个月的混乱。纽约虽然被称作"大熔炉"，但是它并没有融化所有被扔进"炉子"里的元素，或者并没有将所有的元素很好地混合在一起，这个城市更像是一个由多元化的成分所熬成的汤——银行家和面包师，年轻人和老人，黑人和白人，有钱人和穷人——他们并没有被混合在一起，而且有时还会发生明显的冲突。就在9月11日那一天的早晨8点42分，当我站在世界贸易中心楼下，站在遍布鸿沟的人群之间——移民街的小摊贩，西装革履的华尔街工作者，穿着传统服饰的极端正统的犹太人，我感到，这个城市的社会和种族的阶级分类是多么的充分和明显。

　　但是在8点43分，就在第一架飞机击中世贸大厦时，一片混乱爆发了，就在那些着火的碎片落向我们的时候，死亡的恐惧在我们头顶展开了它的双臂，然而那一刻，所有的阶级种族划分在一瞬间蒸发了，大家开始帮助其他的人，无论他是谁。在随后的几个月内，我们的身份首先是纽约人。上千人死去了，上万人变得无家可归或者是失去工作，各种各样的纽约人以我从未感受过的方式团结在了一起。整个街区被笼罩在火光中，灾难过后那种腐蚀的气味填满了我们所呼吸的空气，失踪者的照片被高悬在楼道、街灯、地铁站和栅栏处，俯视着我们，我们在各种大事和小事中显现出了对彼此的友善和慷慨援助，而这种行为或许是前所未有的。这是我们人类社会本质最好的体现，一个对我们人类群体天生的、正面的治愈力量最鲜明生动的展示。

第9章

FEELINGS

感觉

我们每一个人都是一段奇异的故事，这段故事在潜意识中一刻不停地由我们创建，由我们参演，在我们心中完善。

—— **奥利弗·萨克斯**（Oliver Sacks），英国著名脑神经学家

20世纪50年代早期，一位名叫克里斯·赛泽莫尔的25岁女性走进了精神病医生的办公室，抱怨她头疼得厉害。这些症状，她说，有时候还会伴随暂时的意识丧失。赛泽莫尔看起来像是一名正常的年轻母亲，虽然陷入了一桩糟糕的婚姻但是并没有什么严重的心理问题，她的医生后来形容她是一个端庄稳重、一丝不苟和诚实的人。医生们讨论了她感情方面的问题，但在随后几个月的治疗过程中，没有任何迹象显示赛泽莫尔曾经失去过知觉，或者患有任何严重的精神疾病，她的家人也从未注意到她有什么不正常的地方。

但是有一天，她在治疗期间提到，最近她肯定有过一段旅行，但却没有关于这段旅行的任何记忆。医生于是对她进行了催眠，然后这段记忆的迷云被驱散了。几天后这位医生收到了一封未署名的信，从邮戳和熟悉的字迹中他辨认出这封信是来自赛泽莫尔的。在这封信中，赛泽莫尔说她因这段失而复得的记忆而感到非常困扰，她要怎么样才能确信自己真的记得所有发生在自己身上的事呢？她又要怎么样才能确保这种情况不再发生呢？在信的底处还有一行书写潦草的句子，但却是由一种不同于前文的、非常难以辨认内容的字迹写成的。

在赛泽莫尔随后的治疗中，她否认曾经寄出过这样一封信，虽然她记得曾经试图开始写这样一封信，但并没有写完。随后她开始显现出一些紧张和激动的表征，突然间她问道——带着明显的窘迫和难堪之色——如果她曾听见一些不存在的声音，是否代表她疯了？就在医生思考她这个问题的时候，赛泽莫尔改变了她的姿态：交叉双腿坐着并且表现出一种从未在她身上出现过的"孩子般蛮横的神气"。正如这名医生后来形容的，"一千种细微的变化：关于习惯、手势表达、坐姿、表情、本能反应中折射的细微差别、眼神、眉毛挑起的样子、眼珠的运动——这些迹象都告诉我，她只可能是另外一个女人"。接着，这"另外一个女人"开始以第三人称谈论克里斯·赛泽莫尔和她的问题，在每每提到赛泽莫尔时，都会用"她"来指代。

当问及她的身份的时候，赛泽莫尔回答的是另外一个不同的名字。她说，是这个拥有了一个新名字的人，发现了那封没写完的信，于是加上了一行句子，并且寄了出去。在接下来的几个月里，医生在赛泽莫尔出现了两个不同身份的时候分别让她完成了心理性格测试。他将这两份测试的结果交给了不同的研究者们，并告诉他们这两份测试结果都来自于同一名女性。分析员得出结论，赛泽莫尔的两份测试结果表明，她的两个人格有着差异明显的自我形象。那个最初进入治疗的女性认为自己是被动消极、软弱的，她并不知道另外一个克里斯·赛泽莫尔的存在和任何关于她的事，而另一个赛泽莫尔认为自己是积极坚强、善良可敬的。赛泽莫尔最终被治愈了，这个过程花了18年的时间。

克里斯·赛泽莫尔是一个极端的例子，但是我们每个人都有很多个不同的身份。我们不仅仅是在50岁和30岁时拥有不同身份，我们在一天的时间内也在不停地切换身份——根据不同的场景以及社会环境，也根据我们的荷尔蒙水平。我们在心情好与不好的时候表现迥异，与自己的上级一起吃午餐的时候我们表现得与下级吃午餐时不一样。研究表明，人们在看了一部令人开心的电影和一部令人伤心的电影之后做出的道德选择也是不一样的；女性在排卵期时，衣着会更加暴露。我们的性格并不像邮戳一样不可泯灭地印在身上，它是动态并且时时变化的。就像第七章那些关于偏见的研究所表明的，我们可以同时成为两个不同的人——一个潜意识的"我"在内心对黑人、老人、肥胖者、同性恋和穆斯林持有负面的看法，而同时一个有意识的"我"则强烈反对这些歧视。

尽管有潜意识的干扰，传统心理学家们还是认为，一个人的感情以及行为反映了构成其人格的核心成分的特质。心理学家假定：人们知道自己是谁，而且作为意识深思熟虑的结果，他们的行为是有前后一致性的。这个模型是如此"令人信服"，以至于在19世纪60年代，一个研究者提出，心理学家们也许不用进行那么多代价高昂而且耗费时间的实验，只需要询问人们对自己在某种情况下会做出的行为和可能感受到的情感就行了。很多的临床心理疗法都是根据大致一样的概念：通过由治疗医师引导的深度沉思，我们可以了解到自己真正的感受、态度以及动机。

但是，还记得姓氏同为布朗的人通婚率的统计吗？没有人会相信他们选择配偶时出现的强烈感情是因为他们都有共同的姓氏。正是由于潜意识活动的影响，我们所体验到的各种情感，以及它们的来源似乎是一个谜。如果研究者们要求我们谈论自己的感受，或许他们可以获得一份宝贵的数据，但是我们的感受中有一些埋藏极深、最为隐秘的部分，就算在最宏大深刻的自省中，也不会轻易投降交出它们的秘密。结果是，很多心理学家们对于我们的感受的认识并不完全正确。

安慰剂效应

"我经历了很多年的心理治疗，"一个非常著名的神经系统科学家告诉我，"我想知道我做出某些举动的原因，但是没有成功。真正的事实有可能就静静地躺在我的生理结构之中——比如丘脑和下丘脑，还有我的杏仁核，但是我对这些藏在我头脑中的事实却无法有意识地去接近，无论我怎么样自省都不可能。"如果我们想要有根据地、恰当有效地解释我们到底是谁，在各种不同的环境下为什么会做出某种反应，那么就必须要理解我们做出该反应的原因。从本质上说，我们必须要理解感觉以及它们的根源。那么，感觉的根源到底在哪儿呢？

让我们从一些简单的问题开始：关于疼痛的感觉。关于疼痛的感觉来源于独特的神经信号，并且在我们的生活中有着重要作用。疼痛的感觉促使你放下那烧红了底、滚烫的长柄平底锅，惩罚你用锤子不小心砸到拇指的行为。你的朋友可以帮助你分析你到底喜不喜欢昨晚一起去酒吧的那个金融男，但是一阵剧烈的头疼是一种不需要任何人帮助就能理解的感觉。当然，就连头疼也不是那么简单的感觉，就如著名的"安慰剂效应"所阐释的一样：

糖丸也可以像泰诺林一样减轻头痛——只要我们相信，服下的糖丸就是真正治疗头疼的药物。"安慰剂效应"的力量可以很强大，举个例子来说，心绞痛是一种由于心脏壁肌肉供血不足而引起的慢性疾病，它常常会导致剧烈的疼痛。如果你患有心绞痛又试图做运动——我指的做运动仅仅是走到门前去开门，你心肌里的神经就会通过你的脊椎将信息传达给你的大脑，警告你，你对身体的血液循环系统下达了一项不正确的指令。后果是令人无法忍受的病痛，一个让人难以忽略的警告。

在20世纪50年代，外科医生对遭受剧烈心绞痛的病人常用的治疗手段是将胸腔内一些特定的动脉进行结扎。他们相信新的血管能够从附近的心肌上发育出来，从而改进血液循环。这项手术有大量的临床病例并且取得了显著的成功，但是有些地方肯定出了差错——当病理学家们解剖这些病人的尸体时，他们从来没有发现过如外科医生们预期的那样，重新发育出的血管。

很显然，这些手术成功地减轻了病人的症候，但是却并没能铲除病根。1958年，一群好奇的心脏外科医生进行了一个实验——这个实验是我们如今道德标准所不允许的。他们对病人实施了假手术，在5个病人身上，这些外科医生剪开了他们的皮肤，并让这些受争议的动脉暴露出来，然后，他们将创口重新缝合，并没有真正地结扎这些动脉，同时，他们也为13个病人实施了真正的手术，这些外科医生并没有告诉病人这一切。在接受了真正的手术的病人中，76%的患者心绞痛有了一定的改善，那5个接受了假手术的病人也报告说，心绞痛症状有了改善，其实，两组病人的心脏都没有得到实质上的改变。看起来，我们太缺乏关于自己感觉的知识——我们甚至不能确认，什么时候正在经历着撕心裂肺的疼痛。

当今社会，我们对感觉的主流看法并不来源于弗洛伊德——他相信由于压抑机制，我们的意识无法延伸至潜意识层面。感觉的主流理论主要来源于威廉·詹姆斯，他的名字已经频繁出现在本书中。詹姆斯是一个谜一样的人物，他于1842年出生于纽约一个极其富有的家庭，他的父亲酷爱旅游。詹姆斯18岁之前就至少在欧洲与美国的五所不同的学校上过学——纽约、纽波特、罗德岛、伦敦、巴黎、法国北部的滨海布洛涅、日内瓦，还有德国波恩。他的兴趣就像是午后的蜻蜓，飞快地掠过生长着不同科目的草坪，短暂地停留在艺术、化学、军事、解剖学和医学的领地上。这短暂的追逐耗费了他15年的光阴，其间，他接受了哈佛著名生物学家路易斯·阿加西（Louis Agassiz）的邀请，前往巴西探索亚马孙河流域。其间，他一直忍受着晕船的痛苦，还患上了天花。最终，医学成了他唯一完成的科目，1869年，他27岁的时候，从哈佛大学领到了他的医学博士学位，但他从未像其他医学博士一样，从医或者教授医学。

1867年，詹姆斯去德国的温泉度假区旅游，本来的目的是为了恢复在亚马孙探险中受损的健康，但这趟旅行却引领他走上了心理学的征途。詹姆斯听了威廉·冯特的讲座并且被讲座中的课题迷住了，尤其是将心理学转换成一门科学的挑战。他开始阅读德国心理学家与哲学家的书籍，同时回到了哈佛大学继续完成他的医学学位。就在他从哈佛毕业之后，他患上了严重的抑郁症，他当时的日记除了痛苦和自我厌恶之外，就没有什么别的了。他蒙受的痛苦是如此苛厉，以至于他自愿住进麻省萨摩威尔士的精神病院接受治疗。但是，他认为自己的康复与精神病院的治疗毫无关系，而是应该归功于法国哲学家查理斯·雷诺维耶（Charles Renouvier）关于自由意志的一篇论文。在阅读了这篇论文之后，他决定用自己的自由意志来击溃他的抑郁症。实际上，这个步骤没有听起来那么简单，他在随后的18个月内依然表现出缺乏行动力这一典型的抑郁症症状，并且在他的余生都忍受着慢性抑郁症带来的痛苦。

1872年，詹姆斯的情况有所好转，使他终于能够接受哈佛生理学的教授职位。于是在1875年之前，他都在教授"生理学和心理学的关系"这门学科，让哈佛大学成为了美国第一所提供实验心理学课程的大学。十年之后，詹姆斯终于将他关于感觉的理论公之于众：1884年，他发表了一篇名为"什么是情绪？（*What Is an Emotion?*）"的论文，系统地解释了他对感觉的理解。这篇文章被发表在一个名为"心灵（*Mind*）"的哲学期刊上，而非心理学期刊，因为直到1887年才出现了第一份关于心理学研究的期刊。

在这篇论文中，他指出人类的情绪，如"惊讶、好奇、狂喜、恐惧、愤怒、渴望、贪婪等类似的感觉"，都伴随着一些身体上的变化，比如脉搏加快、呼吸加速、肢体动作或表情变化。我们通常认为这些身体的变化似乎很明显是由情绪变化引起的，但是詹姆斯认为，事情恰恰相反。"我的论点正好相反，"詹姆斯写道，"我们的身体变化是由对某个令人激动的事实的感知所引起的，而我们对于这个事实所产生的感受就是我们的情绪……如果在对这个事实的观察过程中，我们并没有发生任何的身体变化，那么所谓的情绪也只是纯粹的一种以认知模式存在的、黯淡无色的、剥离了所有的情感温度的东西"。换一种说法，我们并不是因为生气而颤抖，也不是因为悲伤而哭泣，正好相反，我们的身体颤抖，所以我们意识到我们很生气，我们哭泣，所以我们才会感到难过。我们生气因为我们颤抖，我们难过因为我们哭泣。詹姆斯提出情绪是拥有生理或身体基础的，这一理论在今天获得广泛承认和支持——多亏了大脑成像技术的发展，让我们能够直观地了解到在某项情绪出现的时候大脑的物理变化。

感觉，就像是认知和记忆一样，都是根据我们手中所掌握的数据重建的，而这些信息大部分都来源于你的潜意识——就在你的潜意识处理着由感官所获取的环境信息时，它也造成了一系列的生理反应。大脑当然也同时利用着其他的数据，比如你既有的信念和期待。所有这些信息汇集在一起被同时处理，于是，关于情感的有意识感觉产生了。这个机制解释了心绞痛的研究——还有安慰剂对疼痛所造成的效果。

"情绪错觉"的圈套

詹姆斯的理论在一段时间内称霸心理学界，但后来渐渐让位于其他理论。20世纪60年代，就在心理学开始转向认知方面的研究时，詹姆斯的理论焕发了新生，因为"大脑会处理不同类型的信息来创造情绪"这个概念恰好符合詹姆斯的理论框架。但是，一个精密的理论并不一定就等同于一个正确的理论，所以科学家们开始用实验寻找更多的证据。在早期的研究中，科学家发现，如果说感觉或情绪不是直接由感知衍生而来，而是大脑通过分析数据得来（正如我们的视觉和记忆一样），那么，我们的感觉或情绪就有可能会出错，就像视觉和记忆有时候欺骗我们一样——当大脑试图自作主张地填补数据的缺失，就会出现"情绪错觉"（emotional illusions），和视觉与记忆引发的错觉同理。

举个例子来说，假设你不知道为什么，突然感受到由情绪波动引发的一些生理变化（比如心跳加速），你的大脑就会据此分析称："哇，我的身体正在毫无缘由地经历一些无法解释的生理变化，这是怎么一回事？！"我们再假设，你感受到生理变化的同时，你身边正好发生了一些事情，这些事情诱使你的大脑认为，身体的生理变化是由某种情绪引发的（比如，恐惧、愤怒、喜悦或性诱惑），这种经历就是一段"感情错觉"，也就是说，你的大脑会将不明原因的生理反应和周围事物相联系，创造出一种"应景"的情感。为了研究这种情形，科学家们进行了许多实验，探究他们设计的情景能不能"哄骗"志愿者们感受到那些"莫须有"的情绪。

在其中一个实验中，研究员安排一个非常有吸引力的女性拦住过路的男性，要求他们就学校未来规划回答一些问题。有些实验对象被截住的地方是在一座只有30厘米高的结实木桥上，桥下是一条毫无危险的小溪。而另一些实验对象则在从仅12厘米宽但有130多米长的晃晃悠悠的木桥上走过时被美女拦住，桥有70米高，桥下怪石嶙峋。在问完问题后，美女会将她的联系方式留给实验对象，表示"如果对此次调查有任何问题的话，请联系我"。

在那架令人胆战心惊的桥上，被截住的实验对象理论上都会因为处境危险而心跳加速、肾上腺素激增。心理学家们感兴趣的是，肾上腺素增加的受试者们会把原因归结为"危险的桥"呢，还是"有着致命诱惑的美女"呢？结果是：在安全、低悬的桥上被询问的男性受试者心中，这名女性的吸引力明显是有限的——16人中，只有2人在事后打电话给她，但那些在令人焦虑的、高悬的桥上接受问答的18名实验对象中，有9人在事后打了电话。很明显，对于很大一部分的男性来说，从70多米的高处坠落摔在一堆巨石上与挑逗的微笑及黑色蕾丝睡衣的效果是一样的。

这个实验阐释了我们的潜意识大脑是如何将生理状态和从社会环

境中获取的数据结合在一起，从而判断我们某一刻的情绪的，但是我认为，这也是对我们日常生活很重要的一课。下面是一个非常直接的类比，一个非常有趣的推论：在你评估一份新的企业计划书前，如果你正好步上了几级台阶的话，你可能会对这份报告发出"哇"这样的感叹，而并非仅仅是"哦"这样的反应。

让我们也来思考一下关于压力的问题。我们都知道精神压力会引发一系列有害的生理反应，但我们很少讨论的却是——生理上的紧张状态会反渗入到我们的精神中。如果说你刚刚与朋友或者同事发生了冲突，并处于一个激动焦虑的生理状态，你的肩膀还有脖子是紧绷的，你感觉到头疼、心跳加速。如果这种状态持续的话，你可能会在与一个完全无关的人进行谈话的时候，依然被这些生理状态所影响，你可能会错误地判断对这个人的感觉。我有一位做图书编辑的朋友，曾经告诉过我一个例子：有一次她与一名代理商发生了出乎意料的、激烈的争吵，并得出结论认为那名代理商是一个非常好斗的人，一个将来要避免一起工作的对象。但就在我们讨论的过程中，她豁然开朗：她在这个事件中对那名代理商的愤怒并非由于事情本身，而是来自另外一件毫无关联但令人心烦的事件，而这个令人心烦的事件正好就发生在她与代理商的争吵之前。

瑜伽老师们很久以来一直都在说，平衡你的身体，平静你的心灵。社会神经学家们现在对这个放松的处方提供了新的例证：积极地模拟一个快乐的人常常呈现出的生理状态，比如说强迫自己微笑，真的可以让你感觉更快乐。我的小儿子尼古拉好像凭直觉般地理解了这个现象，在他玩篮球时不小心碰破了手指，正当他咧开嘴要大哭一场的时候，他突然停止了哭泣并开始笑——这样做似乎让他感觉好一些。尼古拉重新发现的这句古老的谚语"在真正成功之前，首先装作成功（fake it till you make it）"如今也成了严肃的科学研究的主题。

至今我所提到的例子都一致暗示着我们一个事实：我们不了解自己的情绪和感受，而且我们还常常误认为我们很了解自己的感受。更甚的是，当我们被问及为什么会感受到某种情绪的时候，我们大多数人，在经过一些思考之后，都可以不费事地指出原因。既然有些感受根本就不存在，有些感受根本就是个错误，那我们是从哪儿找到这些原因的呢？事实是，我们在编造谎言。

在一个有趣的实验中，一名研究者一手拿一张扑克牌大小的女人照片，问实验对象，这两个女人哪个更有吸引力，待实验对象做出选择，他将照片脸朝下扣在桌子上，将其中一张推给实验对象，要求他讲出为什么选择这张照片。完成后，再进行下一组，一共进行了大约12组对比。有时候研究人员会做一些小花招，把受试者没选的那张照片推给他，只有25%的情况下实验对象们会发现这张照片并非他们选择的那张。有趣的是，在75%的情况下，他们并不会发现这个小伎俩，而当被问及为什么更喜欢"这张"照片的时候，他们会答复类似"她看起来光芒四射！我真希望能够在酒吧里接近她，而不是另外那张照片上的人"，"我喜欢她的耳环"，"她看起来就像我的婶婶"，"我觉得她这个人看起来比另外一张更好"。

在实验过程中，他们一次又一次自信地解释了自己选择那张照片的原因。这个实验结果并非侥幸所得——科学家们在超市里成功地要了一个类似的花招。购物者们被问及在两种口味的果酱中，他们更喜欢哪一种，做出选择后，邀请他们品尝一勺他们选择的果酱，然后要求他们分析做出这个选择的原因。但是这些果酱瓶内有一个隐藏的小分格，使得研究者们能够在购物者的眼皮底下不被察觉地舀一勺没有被购物者选择的那种果酱。只有大约三分之一的购物者识破了这个偷梁换柱的把戏，而另外三分之二的购物者则能毫无困难地说出他们选择这款果酱的原因。

这些实验结果听起来像是市场调研人员的噩梦：市场调研人员通过询问人们对某件产品或其包装的意见，从而获得对消费者喜好的了解，同时，他们也得到了这些喜好背后的原因——真诚的、详细的、有力的原因——但是这些原因和真相却相去甚远。同样的，这个现象对于民意调查也是一个问题：你根本不能信任你得到的回答，也根本不能指望人们知道自己真正在想什么——是的，研究表明，你真的不能指望人们明白自己的想法。

在关于人们想法的研究中，对脑部有异常情况的病人的研究是值得关注的，比如著名的关于裂脑患者的研究。在正常的情况下，来自外界的信息，经胼胝体传递，左右两半球息息相通，人的每一种活动都是两半球信息交换、综合的结果。对裂脑患者来说，你向他们大脑的一个半球所呈现的信息，对于他们的另一个大脑半球是无效的。

利用裂脑患者的两个脑半球之间缺乏交流的条件，研究者们指挥病患们通过右半脑来完成一个任务，并且要求他们的左半脑对所做的事进行解释。举个例子来说，研究者们要求病患通过右半脑进行挥手这个动作，然后问病患为什么要做出挥手这个动作。病患的左半脑观察到挥手这个动作，但是并不知道实验者对右半脑做出挥手的要求。然而，左半脑绝不容许病人对挥手的原因一无所知。作为替代，病患报告说，他挥手是因为他看见了认识的人。同样的，当研究者要求病患通过他们的右脑来进行"笑"这个活动，并且询问他们为什么笑了的时候，病患报告他们笑是因为他们认为研究者很搞笑。

一次又一次地，左半脑装作自己好像知道答案一样进行回应。在这些研究以及类似的研究中，左脑生成了很多伪造的、关于右半脑活动的报告。这个现象让研究者们推测，我们的左半脑行使的职责是不是远远超越了本职工作，即记录、区分、理解情绪和感觉。从这些实验结果看来，好像我们的左半脑被安装了一个搜索引擎一样，以搜寻我们对这个世界的秩序和逻辑的理解和感知。

同样的，我们也在虚构关于情绪的认识。我们或朋友总是会有这样那样的疑问："你为什么开那辆车？""你为什么喜欢那个男人？""你为什么觉得那个冷笑话很好笑？"研究表明，我们自认为知道这些问题的答案，但事实却不是。当我们需要解释自己的感觉或情绪，会做一种类似于内省的真相搜索。就算我们自认知道自己的感受，往往也并不知道它的内涵，或者是这些内涵的潜意识起源。于是我们总是得出一些貌似可信的解释，而这些解释往往都是错误的，或者是仅有部分是准确的。研究这些错误的科学家们发现，它们并非偶然，而是有规律可循而且充满系统性的，它们来源于一个全人类共享的且储存着社会、感情、文化信息的庞大数据库。

感觉是潜意识替你做出的选择

想象一下，你刚刚离开一个在豪华酒店举行的鸡尾酒晚宴。你认为自己度过了一段非常愉悦的时光，当司机问你，为什么喜欢这个晚宴的时候，你可能会回答"晚宴的宾客们"。但是你的愉悦感真正来源于什么呢？是与那位女畅销书作家的美妙对话吗？或者是更为微妙的一些细节，比如超凡脱俗的音乐？或者是弥漫在整个房间的玫瑰香气？还是你整夜痛饮的昂贵香槟？你的答案依据又在哪里呢？

　　大脑从有关社会规则的数据库中寻找并且选择貌似合理的答案。在这个案例中，它可能会在"人们为什么喜欢派对"这个归类中进行搜寻，并且选择"派对上的宾客"这个答案作为最有可能性的假设。听起来这似乎是一个懒惰的方法，但是研究结果建议我们接受它：当被问及我们感觉怎么样，或者在某种情况下会有什么感觉的时候，我们总是倾向于给出一个符合关于这种感觉的标准原因、期望——一个文化和社会提供的答案。

　　科学家们探究这个问题的一个方法是研究人才招聘。招聘人才是很困难的一件事情，因为在面试以及简历所提供的有限接触中，我们很难真正了解一个人。如果你曾经招聘过员工的话，那么你也许会问自己，为什么会选某某人呢？毫无疑问，你总是可以找到理由来为你的选择辩护，但这也许是马后炮。也许，你先对某个申请者产生了某种好感并偏袒于他，然后，你的潜意识会反过来用某种社会准则来解释你对于这个人的偏袒。我的一个医生朋友告诉我，他很确定，他被顶级医学院录取仅仅是因为一个原因——面试官的父母是从一个希腊小镇移民到美国，而他正好来自那个小镇。入学后，他与该教授相处很愉快，这位教授坚持认为，他的成绩、分数和性格——这些符合社会准则的评判标准——是他能通过面试的关键，但实际上，我朋友的考试分数和成绩都在该学校的平均水平之下。他相信，正是他与这名教授的同乡关系真正影响了这名教授的决定。

　　为了探究为什么有些人得到了某份工作而另外一部分人没有，以及做出招聘决定的这些人是否知道驱使他们做出这样决定的原因，研究者们招募了128名女性志愿者，每一位志愿者都被要求研读并且评估一份申请顾问工作的女性求职者的档案。这份档案包括了一封推荐信，以及这名求职者与主管进行面试时的详细报告。在研读了这份档案之后，实验对象们被问及关于这名求职者的一些问题，"你认为她聪明吗？""你认为她会尽心尽力解决客户的问题吗？""你喜欢她吗？"

这个研究的关键是，向不同实验对象提供的信息在一些细节上是有所变化的。举个例子来说，有些实验对象读到的档案显示，这名求职者在高中期间保持年级第二名的好成绩，并且在大学里是一名荣誉学生，而一部分实验对象读到的则是这名求职者依然在考虑是否该去上大学；一部分实验对象读到的档案中提到求职者的长相非常具有吸引力，而对另外一部分实验对象则没有给出此项描述；一部分实验对象在面试记录中读到这名求职者打翻了桌上的一杯咖啡；一部分记录提到了这名求职者曾经遭遇过一场严重的车祸；如此等等。实验者告知了一部分实验对象将会见到这名求职者，而另外一些实验对象则没有被告知。

以上提到的这些变量被相互搭配成了不同的组合，而这些所有可能的组合则构成了这个实验的不同情境。通过研究实验对象被呈现的事实以及做出的决定之间的关联，研究者们可以用电脑计算出每一条信息对实验对象做出的评估的影响。研究者的目标是比较两个方面——每个变量的实际影响，以及实验对象认为的每个变量的影响，同时，将这两个方面和与实验无关的旁观者的判断相比较。

为了弄清楚哪些因素影响了实验对象的决定，在完成对求职者的评估后，实验对象被问及一系列的问题："你是否根据求职者的学历来判断她的智力水平？""她的外表是否影响了你对她的偏爱程度？""求职者将咖啡打翻在桌上是否影响了你判断她是否有同情心这一项？"同样的，为了弄清楚旁观者对每个因素影响力的判断，实验者们招募了另一组志愿者（旁观者），在没有展示求职者档案的情况下，要求他们评估每个因素对一个人决定的影响。

那些透露给实验对象的、关于求职者的信息是经过巧妙选择的。有一些因素，比如求职者的优秀成绩，是符合社会规范的、会对申请工作产生正面影响的因素，实验对象以及旁观者都能够识别出这个能够造成正面影响的因素。而另外一些信息，比如不小心打翻咖啡的意外事件，以及随后会与这名求职者会面，都不在社会规范的影响范围内。早期研究表明，与我们的预期相反，一个小小的失态——例如不小心打翻咖啡这样的行为，实际上会增加人们对一个有能力胜任的求职者的喜爱程度，并且，与某个人会面的期许会提高人们对其性格的评估。这个实验中决定性的问题在于，实验对象们是否能够通过自省来察觉到这些不在社会规范范围内因素的的影响呢？

当研究者们检验实验对象以及旁观者的答案时，他们发现，两组答案显现出了惊人的一致，虽然都是大错特错。两组成员似乎都是根据社会规范来选择他们认为有影响力的因素并得出结论，而忽略了真正的原因。举个例子来说，实验对象以及旁观者都认为不小心打翻咖啡的事件不会影响到他们对求职者的喜爱程度，但是这个事件实际上却是所有因素中最具影响力的。两组成员都认为遭遇过车祸会在对求职者是否具有同情心的判断中施加很大的影响，但实际上这个因素的影响"几乎为零"。两组成员都认为学习成绩会在对求职者的喜爱程度上发挥重大的影响，但是这个因素的影响也几乎为零。两组成员认为，是否与求职者会面这个预期并不会有任何影响，但实际上这个预期却是有很大的影响力。

　　一次又一次地，两组成员在判断哪些因素会否影响他们的决定时，都给出了错误的答案。就像心理学理论所预测的那样，实验对象并没有比旁观者更了解自己所做的决定。

小　结

　　人类在进化过程中不断完善着大脑，不是为了让我们精细地研究大脑的构造和作用，而是为了帮助我们更好地生存。我们观察自己以及这个世界，并且不断地去理解并寻求答案，从而让我们能够与这个世界中不停涌现的信息和现象更好地相处。我们当中总有一部分人对更深入地了解自己充满着兴趣，也许是为了更好地规划人生旅途，也许是为了过上更富裕的生活，也许是出于好奇心。为此，我们可以利用我们的意识去学习，去鉴定，去戳穿认知上的错觉。通过对我们的意识的运作方式的思索，我们能够扩展视野，更深入地了解我们自己。但是，无论如何，我们都应该欣然接受这个现实，那就是，如果我们的心灵和意识对于这个世界的认知天生就有所曲解，那么，它这么做，一定有自己的原因。

　　有次我在旧金山旅游，走进了一家古董店，想要买一个橱窗里的漂亮花瓶，价格刚刚从100美金降到了50美金。但是当我走出这家店的时候，我却抱着一席标价2500美金的波斯地毯。准确地说，我并不知道它是否值2500美金，只知道我为它付了那么多钱。我并不是为了买地毯才走进这家店铺的，也并没有计划要在旧金山花2500美金来买纪念品，甚至没有计划过要给家里铺上任何比面包盒面积大的东西。

　　我完全不知道为什么买了它，而且在随后几天内我不断对自己进行自省，但没有得到任何线索。这也不算奇怪，因为没有哪条社会规范与假期里突发奇想购买波斯地毯有关。我所知道的是，我喜欢地毯铺在餐厅里的感觉，我喜欢它因为它让房间看起来十分温暖舒适，它的颜色与我的餐桌和墙壁都很搭，或者说，我喜欢它是因为它让房间看起来像是平价旅店的餐厅？也许真正的原因是，我喜欢它，是因为我更讨厌自己花大价钱买一条丑陋的地毯铺在我漂亮的木地板上的感觉。这个觉悟并没有让我感觉到烦恼，它让我对我的好伙伴——潜意识，有了一份更好的认识。就在我蹒跚走过人生路的时候，潜意识总是给予我所需的帮助。

第**10**章

SELF

自我

巩固统治地位的秘诀就是：一方面相信自己的绝对正确，一方面从过去的错误中汲取经验。

——**乔治·奥威尔**，（Gorge Orwell），英国小说家，代表作《动物庄园》、《一九八四》

2005年，卡特丽娜飓风袭击了墨西哥湾沿岸的路易斯安那州和密西西比州，致使超过一千人丧生，数十万人流离失所。新奥尔良被淹没，很多地方被15英尺的洪水覆盖。联邦紧急事务管理署因为在飓风灾难中的不作为而备受指责，负责人迈克尔·布朗被指控管理不善和缺乏领导能力。布朗承认自己的任何过失了吗？没有。布朗说，糟糕的措施"明显是由于路易斯安那州州长与新奥尔良市市长缺乏协调和规划所造成的"。

事实上，在布朗的自我世界中，他似乎是某种卡桑德拉（希腊神话中的第一位女预言家，但是她曾经遭受诅咒，她准确的预言没有人相信，反而得到嘲笑和讥讽。现在，"卡桑德拉"已经成为"厄运式预言"的代名词）式的悲剧人物。"我私底下对这个情况预计了好几年了，"他说，"我们总有一天会走到这一步的，因为我们缺乏资源，也缺乏对可能发生的危机的关注和预警……"也许，在布朗心里，他自己对这个事件承担着更多的责任，但这些公开声明只是他企图向公众"讨价还价"，辩护自己并非如此疏忽和无能的笨拙尝试。

在戴尔·卡耐基的经典之作《人性的弱点：如何赢得朋友及影响他人》（*How to Win Friends and Influence People*）中，他描述了著名的充满暴徒的20世纪30年代。黑帮教父阿尔·卡彭，从事非法酒精饮料生产，并造成了数以百计的杀戮，却是这样说道："我花费生命中最好的岁月来向人们提供快乐，我得到的却是诟骂和追捕。"当臭名昭著的杀人犯"双枪"克劳雷因为杀害无辜警察被判电椅死刑时，他并没有表露出夺走一个人生命而产生的悲伤，相反，他抱怨道："我做的举动仅仅是为了保护自己。"

我们真的能够相信那个经过包装的自己？我们能否在业绩一落千丈的时候，依然设法说服自己，我们的企业战略是明智的。当领到五千万美金的离职补偿金时，我们是否还认为，3年时间里，将公司引向20次巨额损失的自己真的配得上这份离职金。

在一份涉及一百万名高中生的调查中，学生被要求评估自己与他人相处的能力。100%的学生认为自己的能力至少处于平均水平，60%的学生认为自己的能力在前10%，25%的学生则认为自己的能力处于前1%。当问及他们的领导能力时，只有2%的学生评估自己的能力低于平均水平。老师们也并没比学生做得更好，94%的大学教授认为自己的能力高于教师们的平均工作水平。

从驾车技能到管理技能，心理学家们记录了这个现象所造成的影响。在工程这个职业领域中，当专业人员们被要求对自己的表现进行评价的时候，30%到40%的人认为自己在前5%。在军事人员的自我评估中，他们关于自己领导素质（比如领袖气质、智力等）的评估更是

远远超过下属以及上司对他们的评估。在医学领域，医生们对于自己
人际交往能力的评估也同样远远高于病人及主管对他们做出的评估。
在一项研究中，医生对病人肺炎报告的准确性平均有88%的信心，但
实际上，只有20%的诊断被证明是正确的。这种自命不凡在企业中也
同样占了统治的地位，大多数企业的高层管理人员认为，他们的公司
远比业界的其他公司更容易取得成功——因为这个公司是由他们自己
所统领的。当某个公司跨入新的市场或是从事高风险的项目时，CEO们
总是显示出过度的自信。股民们也总是在选择股票的时候对自己伯乐
相千里马的能力表现出极度的乐观，这种自我膨胀的后果可以体现在
很多方面，具有讽刺意味的是，人们往往都能意识到这些偏见存在——
但只是在别人身上看到他人的缺点。到底是怎么回事呢？

为什么你会自我感觉良好

大部分人都会觉察到，我们的自我形象与别人所看到的，关于我
们的更客观的形象，并不是完全一致的。在之前的篇幅中，我谈到了
很多心理学家的研究是驳斥弗洛伊德的理论的，但有一个观点是弗洛
伊德派治疗师与实验心理学家共同承认的——我们的自我（ego）时刻
都在激烈参与着自己荣誉的捍卫战。几十年来，心理学家认为人们是
独立的观察员，他们对事件进行评估，并且把从中归纳的逻辑运用到
更广泛的社会生活中去，借此发掘真理并且破译世界的本质。正常和
健康的个人——比如学生、教授、医生、工程师、军人、业务主管——
往往都认为自己不仅是称职的，而且是技术娴熟的专家——哪怕他们
远远不是这样的。当得到升职时，我们确信自己拥有配得上这份升迁

的天赋；而当升职的机会落在别人头上时，我们又认为这仅仅是因为老板的错误决策——那么，我们是如何说服自己的呢？

当我们在日常生活中面临选择的时候，一味相信自己的愿望是真的，并且寻找证据来证明它似乎并非是最好的办法。举个例子来说，当你在一场赛马赌局中，把钱压在你认为跑得最快的马上是合理的，但因为你在某匹马上下大赌注从而认定这匹马是跑得最快的是毫无道理的。即使后者的做法不合理，但往往都是这些非理性的选择让你开心，而我们的大脑一般都会倾向于选择快乐。所以，在这种情况下，研究表明，人们更有可能做出的选择是后者。

就如我们所想的那样，大脑是一个正派得体的科学家，但绝对也是一名出色的律师。当它在不断斗争，试图塑造一个令人信服的、充满连贯性的观点时，往往那个洋溢着慷慨激昂腔调的人胜过了真理的追寻者。在之前的章节中，我们已经看到了潜意识，这位构造大师，是如何使用有限的数据来构建出一个无比真实完整的世界的。视觉感知、记忆甚至情绪都可以是潜意识的创造物——由那些原始、不完整甚至有时相互矛盾的数据混合捏造而成的。当我们绘构自我的图像的时候，大脑中的律师——潜意识，将事实与幻想混淆在一起，夸大自己的优点，并最小化我们的弱点，创造一系列几近毕加索式的扭曲——其中的某些部分已经无限放大（我们喜欢的那一部分），而另外的一部分则被缩小到近乎隐形。我们的意识——我们大脑中理性的科学家，则傻傻地欣赏着这幅自画像，并相信它是一幅精确度堪比摄影作品的自我描绘。

心理学家将这种方法称作"动机性推理"（motivated reasoning）。动机性推理让我们相信自己的优秀和才干，感觉到一切在自己的控制之中。它塑造了我们理解生活环境的方式，帮助我们证实内心的信念，但是，这并不足以让我们把40%的水平硬塞入前5%的自我良好感觉，不足以将60%的水平推入顶级的门槛，或是将水平最好的那一半人群都一股脑倒入94%的乾坤袋里——是的，要说服自己"我拥有伟大的价值"并不总是一件容易的事。幸运的是，我们有一个伟大的盟友来帮助我们完成这个任务，这位盟友是我们生活的一部分——模糊性（ambiguity）。它在似乎不容争辩的事实中创建了一个左右摇摆的空间，而我们的潜意识则霸占了这个空间来创建一段关于自我、他人以及我们生活环境的描述。而这段描述将我们的命运描绘到最好的极致，让我们在美好的时光中绚丽燃烧，并在低落的时刻给予我们安慰。

当你看向以下图片的时候你看到的是什么？

你第一眼可能会将它看作一匹马或是一只海豹，但是如果你继续看这张图像，在一段时间后你就会将它看作另外一种动物。而且，当你一旦能够通过这两种不同的方式去解析这幅画，你的感知就会倾向于自动在这两个动物之间交替。这是一幅暗示着你去聚合不同线条的素描。就像你的特点、个性和天赋一样，你能够以不同的方式来解译

这幅画。模糊性为刻板印象开启了大门，让我们对自己不太了解的人产生误判。它同时也开启了误判自我的大门。假如我们的天赋和专业知识、个性和品质都能够用科学的方法测量和定义，并被刻入不容变更的石碑中，那么，想要维持一个带有偏见的自我形

象会是非常困难的。但我们的特征更像是马/海豹的图像，它向不同的解释慷慨敞开了大门。

戴维·邓宁（David Dunning）已经花费了数年的时间来研究这类问题。邓宁是一名康奈尔大学的社会心理学家，他将自己的职业生涯都投入到了这样的研究课题中：人们的偏好是何时以及如何影响人们对客观事物的看法的。考虑一下我们在前面的图中所看到的马/海豹的图像，邓宁和他的同事将这幅图上传到计算机中。然后他们招募数十个实验对象，告诉这些实验对象，他们将会被分得两种不同的饮料并进行品尝。其中一杯饮料是美味的橘子汁，另一杯则是看起来和闻起来都非常恶心的"健康饮料"。研究者会通过电脑传给他们一幅屏幕上只会停留一秒的闪图，而这张图就是我们之前看到的马/海豹的图片。

这就是实验的关键所在。一半的实验对象被告知，如果这幅图是一个"农场动物"的话，他们就要喝果汁，而如果这幅图是一个"海洋生物的话"，那他们就需要喝"健康饮料"，另一半的实验对象则被告知了相反的规则。然后，当他们观看完图像之后，研究者要求他们辨认看到的动物。如果参与者的动机发生偏颇，有某种倾向性，那么，他们被告知"农场动物等于橙汁"的潜意识就会倾向于感知到马。同样的，另外一部分被告知"农场动物等于恶心的饮料"的潜意识更倾向于感知到海豹。而这恰恰就是实验中所发生的——在那些希望看到一个农场动物的实验对象中，67%的人报告说自己看到的是一匹马，而在那些希望看到海洋生物的实验对象中，73%的人说看见了海豹。

在动机对感知所造成的影响方面，邓宁的研究无疑是非常具有说服性的，但是我们的日常生活经历远比"辨认看到的是什么动物"更为复杂。因此，我们的潜意识可以从一个盘杂烩中随意选择来喂养我们有意识的大脑。最终，我们感觉到的万分确定的事实，不过是那些我们更偏爱的结论而已。

在科学的领域中，我们尊崇客观性。可是很明显，人们关于证据的看法往往都与自己的既得利益高度相关。举个例子，在20世纪五六十年代关于"宇宙是否有一个开端，或它是否一直存在"的激烈辩论中，一个阵营支持大爆炸理论，另一个阵营则相信稳恒态理论，也就是说，宇宙一直都存在。在1964年，一对在贝尔实验室工作的卫星通信研究人员偶然撞上了一个重大的发现，这一发现占据了《纽约时报》的头版，宣布大爆炸理论的胜出。那么，稳恒态理论的拥护者是怎样回应的呢？这个事件过去三年之后，一个支持者才最终接受了大爆炸理论。

科学家们以科学家为实验对象进行了一些小小的研究，结果表明，在科学领域，科学家更乐意当倡导者而非法官，尤其是在社会科学中，因为社会科学相比物理科学更具模糊性。举个例子来说，在一个研究中，芝加哥大学的研究生们被要求对一些研究报告的优劣进行评估，他们对这些研究报告的内容都已持有自己的观点。志愿者们不知道的是，这些研究报告全都是伪造的。对于每个议题，一半的志愿者看到的是支持某一方观点的数据，而另一半实验者看到的数据则支持相反阵营。当志愿者们被问及自己对研究报告优劣的评估是否依赖于其数据与他们观点的一致性时，大多数人都否认了此点。实际上，他们错了。

研究者的分析显示，志愿者们的确在报告中的数据与自己的观点吻合的情况下，对研究报告做出了更高的评价，这在那些更坚定地持有自我观点的科学家身上更为显著。历史一再表明，更好的理论最终一定会获得胜利——这就是为什么大爆炸理论最终胜出，而稳恒态理论却凋零了。但是，有时候，一些对既定理论付出很多的科学家们也会固执地坚持原来的信仰。有时候，正如经济学家保罗·萨缪尔森（Paul Samuelson）写的那样，"科学在一场又一场的葬礼中进步"。

因为动机性推理是潜意识的，人们声称自己是不被偏见所影响的。举个例子来说，许多医生认为他们不为金钱所动，但最近的研究表明，接受酒店住宿招待以及礼品在病人护理的决定中有着显著的潜意识影响。同样的，研究表明，与药品制造商保持经济关系的医学研究者比独立的审核者明显更有可能支持赞助商的药物。

是什么让你做出非理性选择

如果潜意识扭曲现实的方式是如此笨拙而明显的话，我们会注意到这些不对劲并且不再相信它了。动机性推理在我们身上所起的作用是有局限性的，而这些限制却是非常重要的：对自己做饭的技巧自吹自擂是一回事，但相信自己可以一步从一栋高楼跳到另外一栋高楼就是另外一回事了。为了让你膨胀的自我形象更好地为你服务，它必须被夸大到恰到好处的程度，而且保证不能有更多的膨胀。心理学家们认为，这种机制所产生的失真必须维持"幻想的客观性"。那么，我们的潜意识是怎么样将我们混沌的模糊体验拟塑成明朗的、毫无异议的、积极的自我形象呢？而这种自我形象又恰好是我们所期盼看到的。

其中一种方式让我想起了一个关于两个白人和一个黑人的笑话。两个白人分别是天主教徒和犹太教徒，在这三个人过世之后，他们都站在了天堂的大门之外。天主教徒说："在我的这一生中，尽管我遭受了许多的歧视，但我一直都是一个好人，我需要做什么才能进天堂呢？"

"很简单，"上帝回答道，"你只需拼对一个单词。"

"什么单词？"天主教徒问道。

"上帝（GOD）这个单词。"上帝回答道。

于是，天主教徒依照上帝所说的，拼写出了G-O-D（上帝这个单词），从而步入了天堂。接下来，犹太教徒也恳求进入天堂，他说道："我是一个很好的人。"然后，他又赶快补充道："这对我来说绝非一件容易的事情——一生中我都在不停地克服着人们对我的歧视。现在，我要怎么做才能进天堂？"

"很简单，"上帝回答道，"你只需拼对一个单词。"

"什么单词？"犹太教徒问道。

"上帝（GOD）这个单词。"上帝回答道。

于是，犹太教徒拼出了上帝这个单词，他也被允许进入了天堂。随后，这名黑人站在了天堂的门外，他告诉上帝，在他的一生中，他对每一个人都非常慷慨善良，可是他却因肤色而一直遭受着恶劣的歧视。上帝说道："不要担心，在天堂里没有歧视。"

"谢谢你，"黑人接着问道，"那么我可以进入天堂吗？"

"很简单，"上帝回答道，"你只需拼写一个单词。"

"什么单词？"黑人问道。

"捷克斯洛伐克（Czechoslovakia）。"上帝回答道。

在这个笑话中，耶和华歧视的方法是经典的，而我们的大脑常常使用这种歧视的方法：当信息敲响我们思维的关卡时，如果它有助于构造我们所希望看到的世界，我们要求它拼写三个字母的简单词语——GOD来通关；而我们所不偏爱的信息来敲门时，我们苛责地要求它拼写复杂的"捷克斯洛伐克"。

举一个例子，在一项研究中，志愿者们被分配了一种可以测量乙酰胺酶缺陷的试纸，并告诉他们乙酰胺缺乏会导致患者严重的胰腺疾病。研究人员给出了这种试纸的使用方法，用一点口水将试纸蘸湿并且等待10至20秒，看试纸是否会变成绿色。一半受试者被告知，试纸变成绿色意味着他们没有酶缺乏症，而另一半受试者则被告知相反的结果——如果试纸变成了绿色，则意味着他们有这种缺陷。实际上，这种酶并不存在，更别说它与胰腺疾病的关系了。志愿者们被分发的试纸则是普通的黄色图画用纸，所以受试者注定不会看到"试纸"产生颜色变化。

就在志愿者们进行这项"测试"的时候，研究者在旁仔细做了观察。那些希望试纸不会变成绿色的实验者们看到没有变色的黄色"试纸"时，很快就接受了这个快乐的答案，并且认为这个测试成功结束了。而那些希望试纸会变成绿色的志愿者们在看到结果时，也仅仅是多凝视了试纸30秒后，就最终接受了这个结论。更重要的是，在这些志愿者中，超过半数的人都采取了重新检验结果的步骤，有一位志愿者甚至将试纸重新放回口中蘸湿口水12次。

你也许会不以为然，说：这些志愿者看起来真蠢。然而，在生活中，我们都一而再，再而三地去浸渍我们检测现实的那张试纸，努力寻找支持自己观点的结果。当人们想要相信一个科学结论的时候，他们会接受一个含糊不清的新闻报告中所提到的实验，并把它当作令人信服的证据。而当人们不想接受某个理论的时候，哪怕国家科学院、美国科学促进会、美国地球物理联盟、美国气象学会等无数个机构所得到的数据都指向一个结论的时候，人们依然能够找到自己的原因不去相信这个结论。比如，我提到的这些组织，加上上千万篇关于全球气候变化的学术文章都一致认为，人类活动需要对气候变化负责，然而就算在美国，也就是这些研究机构的所在地，大约一半的公民依然选择不去相信这个结论。一半以上的民众都设法说服自己，全球变暖的科学结论尚且悬而未决。

通过我们被个人动机所驱使的推理能力，每个争议点的双方都能够用自己的方式来证明结论，并且剥夺反方观点的权威性。现在让我们来思考一下关于死刑的研究，人们认为死刑能够（或者不能够）阻止犯罪，从而支持或者反对死刑。而关于两个理论的研究都被最终发现是假研究，它们分别采用了不同的统计方法来证明自己的观点。人们随时都会对对方的观点提出这样或那样的批评，如"有太多变数了，不能排除其他因素的影响"，"我并不认为他们收集了足够完整的数据"，"他们提供的证据并没有什么大的意义"。但是，争论的双方都对支持自己观点的研究方法大力赞扬，却不屑地将那些反对他们信念的方法丢弃到角落。很显然，他们做出的分析——也就是最该保持客观性的部分，是由报告结论所启发，而非由研究方法所引导的。

想要让一个人对相反的论点产生理解的话，仅仅靠灌输知识是不够的——哪怕知识非常全面地涵盖了支持死刑以及反对死刑两个阵营的、充满恰当逻辑推理的论证。我们需要记住：那些不认同我们观点的人未必都是狡诈的或是不诚实的。更重要的是，面对现实对于我们所有人都是非常具有启发性的，而现实就是——我们自己的推理往往也并不具有完美的客观性。

不知道大家注意到没有，在一场比赛的胜利后，球迷们激动地为球队的胜利大肆宣扬并庆祝，但在球队的失败后，他们往往会忽视这场比赛并把一切都推在幸运女神和裁判的身上。在上一章我曾提到，研究表明，雇主往往并不清楚自己雇用某位员工的真正原因，面试官是否喜欢某位申请者并非取决于申请者的客观条件。他们有可能曾在同一所学校上学，或者都喜欢观鸟，也有可能是申请人让面试官想起了自己最喜欢的一个叔叔，但无论是什么原因让面试官偏爱某位申请者，一旦这名面试官做出了一个直觉性的决定之后，他或她的潜意识往往采用动机推理来支持他或她的直觉偏好。如果面试官喜欢这名申请者但是自己并没有意识到这种倾向的时候，他或她就会对各种因素的重要性产生区别待遇。面对申请者所擅长的方面时，面试官往往会给予这个因素高度的重视。而对于申请者的短处，面试官往往会从潜意识里降低这个因素在自己心中的重要性。

在一个研究里，参与者们被要求评定一名男性候选人以及一名女性候选人对同一个职位——警察局长的申请。警察局长是一个传统的刻板印象的男性职位，因此，研究者们推测，实验参与者会更偏向于选择那名男性申请者。在这个实验中，研究者们向参与者呈现了两份不同版本的个人简历。在其中的一个版本中，简历描绘出一个充满街头智慧的申请者，但是这名申请者接受的教育程度不高，并且缺乏管理技能。而在另外一个版本中，简历描绘出一位受过良好教育并且曾有过与政治相关阅历的申请者，但是这名申请者却缺乏街头智慧。一些参与者收到的简历包括了有街头经验的男性申请者，以及有政治阅历的女性申请者，而另外一部分的参与者则收到了相反的简历。参与者并没有被要求做出雇佣选择，他们仅是被要求解释这个现象。

结果表明，当男性申请者被描述成充满街头智慧的时候，参与者们认为街头智慧对警察局长工作的顺利性是至关重要的，于是选择了他作为更偏好的候选人；但是，当男性申请者在简历中被描述成一个充满政治阅历的人的时候，他们认为街头智慧的重要性被高估了，于是依然选择了男性参与者作为更偏好的候选人。显然，参与者们做出的决定完全是建立在性别区别的基础之上的，而不是在街头智慧与政治阅历之间的取舍平衡，但是，参与者们都完全没有意识到自己在这样做。实际上，当被问及是否有其他关于申请者的因素影响了他们所做的选择的时候，没有任何参与者提到了性别这个因素。

这些研究表明，我们推理机制的精妙使得我们能在充满偏见地审视世界时，依然保持一种虚幻的客观性。如果我们是雄心勃勃，充满决心并且坚持不懈的，那么我们就会相信，目标明确的人是最有效的领导者；如果我们认为自己是平易近人，友好并且外向，我们就会认为，最好的领导一定是以人为本的。我们甚至会自动"招募"记忆从而使得我们自己的形象更加光辉。就拿成绩来做一个例子吧，一组研究人员招募了99名大学新生和大二学生，要求他们回想几年前他们的高中数学、科学、历史、外语以及英语成绩。

在这个研究中，参与者们并没有动机去撒谎，因为他们被告知，研究者将会把他们的记忆与高中成绩的在校记录进行核对。研究者们检查了3220个不同成绩的记忆，一个有趣的事情发生了，你或许会认为，几年已经过去了，或许这么长的一段时间会对参与者关于自己成绩的记忆产生很大的影响。对于他们从初三、高一、高二到高三的所有成绩，他们的记忆大约都保持了相同的精准度——70%。是的，时间的流逝并没有将记忆风化出漏洞。那么，是什么让学生忘记那30%的呢？——让学生忘记成绩的并非岁月的阴霾，而是表现不佳的过往。他们回忆的准确性从A的89%，到B的64%，到C的51%，再到D的29%，稳步下降。所以，如果一个糟糕的成绩让你感觉到郁闷万分，振作起来吧，很有可能的是，如果你等待的时间足够长，这个成绩会提高的——至少在你的记忆里。

潜意识赋予我们的力量

我的儿子尼科莱现在已经高一了。有一天他收到一封信，这封信来自一个曾经住在我们家里但不再存在的人——是的，这封信来自尼科莱自己，4年前的尼科莱。虽然这封信并没有旅行一段很长的空间距离，但它在时间的世界里走了很远的路，10岁的尼科莱对15岁的尼科莱说的话。这些在课堂上完成的信件被尼科莱的英语教师收集起来并保存了4年——不得不说，她是一名非常优秀的老师，而几天前，她将这些信件寄给了主人。

信中让人感到惊讶的是六年级的尼科莱所说的话："亲爱的尼科莱……你想要加入NBA。我希望能够在中学一年级和二年级时加入校队打篮球，并在高中的时候——无论你现在在哪里读高二，继续坚持打篮球。"但是，尼科莱在初一的时候并没能加入球队，初二的时候，他也一样没能加入球队。在他进入高中之后，他的运气还是不太好，那一年，所有参加篮球队海选的男孩中只有少数的男孩被拒绝了，这也就是为什么这个拒绝让尼科莱感觉到格外沮丧。但是，让这个故事变得值得一提的并不是尼科莱不懂得什么时候应该放弃，而是在那些年里，他坚持自己打篮球的梦想，在炎热的夏天，他每天都一个人在空荡荡的球场里独自练习整整五个小时。

如果你了解孩子的话，你就会知道，对于孩子的逻辑说，如果你坚持不懈地努力，总有一天你会进入NBA。可是，如果你年复一年被学校篮球队拒绝，这种经验显然不会成为你的社交生活中一个吸引人的地方。是的，孩子们会喜欢捉弄失败者，而他们尤其喜欢戏弄那些认为成功就是一切的失败者。因此，对于尼科莱来说，为了保持他自己对未来的信念，他付出了很多的代价。

尼科莱的篮球职业生涯故事还没有结束，这一年，他终于被选进了篮球队里——事实上，他担任了篮球队的队长。

在这本书中，我几次提到了苹果电脑的成功，而这些成功很多都取决于苹果创始人之一史蒂夫·乔布斯创造的"现实扭曲力场"。这种能力让他能够说服自己以及别人，他们可以做到任何想要做的事情。"现实扭曲力场"并非是他一个人的杰作，它也是尼科莱的创作，并且——或多或少的来说，这是每个人的潜意识为我们准备的一份礼物。

很多成就都取决于对自己能力的信任，而那些最伟大的成就，有可能依靠的就是盲目的乐观态度。相信自己是耶稣并不是一个好主意，但是相信自己能够成为一名NBA球员，或者像乔布斯一样，在令人感到羞辱的失败——被逐出自己的公司之后卷土重来，或是相信自己是一个伟大的科学家、作家、演员或歌手，这些信念都会很好地为你的目标服务。即使最终，你所相信的并没有变成你成就中的真正细节，但是相信自己本身就是生活中一种非常积极的力量。就像史蒂夫·乔布斯说的一样："你无法预先把点点滴滴串连起来，你只能在它们出现之后再回过头来把它们连接在一起。所以，你必须相信，这些片段一定能够在你的未来被成功地串联起来。"如果你相信这些点滴能够一路连接，那么，它将给你信心让你去追随自己的心。

在写这本书的时候，我试图阐明我们的潜意识是如何忠诚地默默服务着。对于我来说，了解到内心未知的那个自我如何指导有意识大脑是一个巨大的惊喜，而更大的惊喜则是——如果没有了它，我将会迷失在现实生活中寸步难行。但是，在潜意识所提供的所有优势中，我最珍视的是这一项——在一个充满未知力量，远比人类存在伟大亿万倍的世界里，潜意识非常擅长帮助我们创造一个积极的、让人喜欢的自我意识。艺术家萨瓦多·达利（Salvador Dalí）曾经说过，"每一天早晨醒来之后，我都充满惊喜和好奇地问自己，这个萨瓦多·达利，今天又会做什么奇妙惊人的事呢？"达利或许是个可爱的家伙，他也有可能是一个自大狂，但他总有一个我们难以否认的美妙地方——他总是能毫无节制地、不羞涩地对自己的未来充满乐观。

在心理学的文献中，有很多的研究都充分说明了保持积极自我"幻象"的好处。研究人员发现，当他们无论以什么方法激起实验对象的积极情绪时，实验对象们都变得更容易与他人进行互动，并且更乐于帮助他人，而那些自我感觉良好的人在谈判的情况下也更容易展现出合作的倾向，并且更可能在面临冲突的时候找到建设性的解决方法。他们也能够更好地解决问题，对成功更具有积极性，并且，在面临挑战的时候更有可能选择坚持到底。潜意识让我们能够抵御不快，并在抵制的这一过程中给予我们力量，去克服那些可能会压倒我们的障碍。而我们这样做得越多，我们就越擅长抵制消极情绪。实际上，研究表明，对自我有着最准确看法的人往往都患有中度抑郁或感到自卑，相反的，一个过度积极的自我评论往往都是正常而且健康的。

我想象着，在五万年前，任何有理智的人在北欧的严冬都会选择爬进山洞并且避免在冰天雪地里行走。女人看着自己的孩子死于猖獗的流行病感染，而男人们看着他们的妇女死于分娩，人类部落遭受着干旱、洪水以及饥荒。在这种情况下，人们发现，保持着向前奋进的勇气是如此的困难。但是，尽管生活中有那么多看似无法逾越的障碍，大自然为我们提供了解决的手段——制造不切实际的乐观，而这种乐观最终帮助人类保持勇气奋勇向前，并最终克服艰险活了下来。

在你面对挑战时，不切实际的乐观像救生衣一样让你能够浮在水面之上呼吸空气。现代人的生活，就像我们原始的过去一样，也有着它艰巨的障碍。物理学家乔·波尔钦斯基（Joe Polchinski）在开始写关于弦理论的教科书时，预计这本教科书的编写将会耗费他一年的时间，但实际上，他花了十年的时间来写这本书。回顾过去，假如我曾经对写这本书或是成为一个理论物理学家所需要的时间和精力做过清醒的评估的话，那么，也许我早在尝试之前就缩回了自己的小小世界里。动机推理、动机记忆以及其他所有我们用来审视自己以及世界的不同视角也有着自己的缺点，但是，当我们面临着巨大的挑战时——无论是失去工作，开始一个疗程，写一本书，完成接近十年的医学院学习，为了成为一名娴熟的小提琴手或是芭蕾舞者而花费数千小时进行练习，在每周工作80个小时的情况下开展一项新的业务，或者是在一个新的国家白手起家——在这些情况下，人类心灵天生的乐观主义就是我们最大的礼物。

在我和我的兄弟们出生之前，我的父母住在芝加哥城北的一间小公寓里。我父亲在一家裁缝铺里每天都工作很长的时间来缝衣服，但是，他的微薄收入依然不够支付房租。一天晚上，父亲回家的时候很兴奋地告诉母亲，那家裁缝铺正在招聘一名新的女裁缝师，并且他已经为她报了名。你明天就可以开始工作了，他告诉她。听起来这似乎是一个很顺畅的生活改善，因为一份新的工作会让他们收入倍增，让他们终于能走出乞讨者的行列，而且，能够和对方待在一起对于他们彼此来说都是艰苦生活中一个极大的慰藉。但是，唯一的缺点是——我的母亲不会缝纫。在希特勒入侵波兰之前，在她失去了所有的亲人和一切之前，在她成为一个流浪在异乡的难民之前，我的母亲是富裕家庭的孩子，缝纫绝不是在她那样的家庭中任何一个十几岁的女孩需要学习的技能。

于是，这对年轻夫妻进行了一个小小的讨论。父亲告诉我母亲，他能教她如何缝纫，他们可以花整个晚上一起练习，然后早晨再一起乘火车去工作，而且她一定能够顺利完成她的工作的。无论如何，他都能很快完成自己的那份工作，并且替她补上她的那份，直到她学会缝纫的小窍门为止。我的母亲认为自己很笨拙，而且更糟的是，她的胆子太小，对她来说，应征这份她完全不会的工作就像是一个阴谋，而她不确定自己是否能撑过去。但是我的父亲很坚定，他相信她一定有能力做到，也一定足够勇敢接受这份挑战。她和他一样，都是一个幸存者，他告诉她，幸存者不应该害怕生活的挑战。于是，他们开始反复讨论，作为一个幸存者，我母亲到底是谁——怎么样的品质真正定义了我的母亲。

我们选择了自己想要相信的事实，同样也选择我们的朋友、爱人、配偶——不仅仅是因为我们感知他们的方式，也是因为他们看待我们的方式。就像是不同的物理现象一样，在生活中，事件的发生往往都服从某个或是另一个理论，于是，真正发生了什么从很大程度上取决于我们选择去相信哪一个理论。它是赐予我们人类心智的一份厚礼，让我们能够格外敞开心扉接受那些关于我们自己的理论，让这些理论指引我们生存，甚至是幸福前进的方向。

那一夜我的父母都没有睡，父亲终于教会了母亲如何缝制衣物。